美味宴客菜

夏璞 编著

U0198000

团结出版社

图书在版编目（CIP）数据

美味宴客菜 / 夏璞编著 . -- 北京：团结出版社，
2014.10（2021.1 重印）
　　ISBN 978-7-5126-2313-2

　　Ⅰ . ①美… Ⅱ . ①夏… Ⅲ . ①菜谱 Ⅳ .
① TS972.12

中国版本图书馆 CIP 数据核字 (2013) 第 302494 号

出　　　版：团结出版社
　　　　　　（北京市东城区东皇城根南街 84 号　　邮编：100006）
电　　　话：（010）65228880　65244790（出版社）
　　　　　　（010）65238766　85113874 65133603（发行部）
　　　　　　（010）65133603（邮购）
网　　　址：http://www.tjpress.com
E-mail：65244790@163.com（出版社）
　　　　　　fx65133603@163.com（发行部邮购）
经　　　销：全国新华书店
排　　　版：腾飞文化
图片提供：邝吉和　黄　勇
印　　　刷：三河市天润建兴印务有限公司

开　　　本：700×1000毫米　1/16
印　　　张：11
印　　　数：5000
字　　　数：90 千字
版　　　次：2014 年 10 月第 1 版
印　　　次：2021 年 1 月第 4 次印刷

书　　　号：978-7-5126-2313-2
定　　　价：45.00 元

　　下馆子不如吃私房菜，在家中宴客才是最高规格的待客之道。家宴最吸引人的地方，就是它的惬意与轻松。在繁忙的生活之余，三五好友相聚，全家老小共团圆，随手上几道拿手菜，精心准备一桌温馨可口的家宴，是一件很享受的事情。

　　家常宴客菜，顾名思义就是指限于家庭范围、规模较小、相对比较丰富的饮食聚会的菜肴。家宴菜的准备和制作过程，充满了温情和乐趣，是非常令人高兴的事。作为一种特殊的交流情感的餐饮形式，家宴讲究吃得温馨和放松，在这里完全可以丢掉社交场合上的繁琐礼数，让自己回归到一种自然的心境，远离喧嚣，找回久违的亲朋浓情。

　　但有一些朋友认为，家庭宴客谈何容易！准备得过于简单，怕失了礼数，体现不出主人对朋友及客人的热情；而准备得丰盛，又苦于手艺不佳，被客人笑话。

　　现在，你完全可以不必为此苦恼，这些事情我们都帮您想到了。只要翻开这本《美味宴客菜》，随意挑选出一些中意的菜肴，一桌美味丰盛，却又简便易做的宴客菜就会出现在您的面前。这些菜肴有热有冷、有荤有素，既能让您做得省心，又可以让朋友吃得开心，可谓是一举两得的好事。希望大

 美味宴客菜

家在享受美味的同时，也能吃出营养、吃出健康、吃出品位、吃出好心情！

这是一本最适合现代人居家饮食的菜谱，用最普通常用的食材、最简单实用的烹饪手法，烹饪出一道道令人赞不绝口的美味。书中介绍的菜肴可以让您对宴客菜有一个全面的参考，可以让您轻松搭配出各种既美味又健康的美食组合，让客人在家也能品尝到饭店水准的美味，让宾客、主人都能充分体会到美食的乐趣。可以说，《美味宴客菜》不仅仅是一本教您做菜的书，更是一本让您收获亲朋艳羡和赞扬的必备之书。

前言

最 受欢迎开胃凉菜

目录

Contents

经 典人气美味热菜

目录

Contents

 目录

 香 味四溢滋补汤羹

 Contents

花 样翻新百变主食

目录

Contents

目录

Contents

最受欢迎
开胃凉菜

金针菇拌黄瓜

TIME 10分钟

菜品特点
口感清爽
营养丰富

- 🍃 **主料:** 金针菇 150 克,黄瓜 100 克
- 🥄 **配料:** 红柿子椒 1 个,黄花菜、精盐、醋、姜、蒜、生抽、香油各适量

视觉享受:★★★★
味觉享受:★★★★
操作难度:★★

操作步骤

①红柿子椒和黄瓜洗净切成丝;姜和蒜切成末;金针菇切去根部有杂质的部分,撕开洗净。

②将姜末、蒜末放入小碗中,加入适量的精盐、生抽、香油、醋,拌匀成凉拌汁待用。

③金针菇、黄花菜放入沸水中煮约 1 分钟,捞出沥干晾凉,与黄瓜丝、红柿子椒丝放入大碗中,倒入凉拌汁拌匀即可。

操作要领

食用未熟透的金针菇会中毒,所以金针菇必须煮软、煮熟才能食用。

👉 营养贴士

金针菇中含锌量比较高,有促进儿童智力发育和健脑的作用。

视觉享受：★★★★ 味觉享受：★★★★ 操作难度：★

折耳根拌肚丝

TIME 30分钟

菜品特点
清热解毒
鲜嫩爽口

> **主料：** 折耳根 150 克，肚丝适量
> **配料：** 凉拌汁、藤椒油、辣椒油、精盐各适量

操作步骤

①将折耳根的老根、须掐去，洗净去泥沙，用冷水浸泡 10 分钟，捞出控干水分，用手掐成小段待用；肚丝下锅焯水，晾凉待用。

②将辣椒油、凉拌汁、藤椒油和适量的精盐拌匀调成料汁。

③折耳根和肚丝装入干净的容器，将调好的料汁倒在折耳根、肚丝上拌匀即可。

操作要领

如果家里没有凉拌汁，可以用生抽、醋、白糖、香油按照自己的口味调制。

营养贴士

折耳根性微寒，具有清热解毒、抗高机体免疫力、利尿等功效。

> **主料：** 鸭掌 500 克
> **配料：** 白醋 15 克，精盐 5 克，料酒 30 克，野山椒 20 克，糖 8 克，姜片 10 克，胡萝卜、芹菜、鲜柠檬片、花椒各适量

操作步骤

①鸭掌多清洗几遍，然后沥干水；开水中加白醋和少许精盐，把鸭掌焯熟，然后放入冰水中；胡萝卜洗净切片；芹菜洗净斜切段；野山椒洗净切段。

②锅放火上，放入鸭掌，倒入水（要没过鸭掌），加入白醋、料酒、糖、精盐，大火煮开，然后撇净浮沫，把鸭掌捞出晾凉备用。

③野山椒段、花椒、姜片加水一起烧开晾凉制成泡水，将鸭掌、胡萝卜、芹菜、鲜柠檬片依次放入，泡入味即可。

操作要领

如果要使鸭掌入味更快的话，可以剁成小些的块。

营养贴士

鸭掌具有温中益气、填精补髓、活血调经等功效。

视觉享受：★★★★ 味觉享受：★★★★ 操作难度：★★

山椒泡鸭掌

TIME 20分钟

菜品特点
配料劲爽
鲜劲十足

麻辣花生米

TIME 15 分钟

菜品特点
麻辣鲜香
回味悠长

➡ **主料：** 生花生米 300 克

➡ **配料：** 八角粉 5 克，菜油 150 克，干辣椒 10 个，花椒 10 粒，精盐、熟芝麻各适量

视觉享受：★★★★
味觉享受：★★★★
操作难度：★

🔄 操作步骤

①生花生米用冷水泡 3 分钟捞出沥干，放精盐、八角粉腌 5 分钟；干辣椒切段备用。

②炒锅置中火上，冷油放入腌好的花生米，快速翻炒 4~5 分钟；加干辣椒段，快炒 2 分钟；加花椒，炒 1 分钟；当花生米开始变浅黄色，立即铲出沥干油，装盘撒上熟芝麻即可。

💧 操作要领

喜欢其他口味的，还可以放胡椒粉、孜然粉、五香粉等，但还是要加少量的食盐搭配。

👆 营养贴士

花生含有丰富的矿物质和人体必需的氨基酸，有促进脑细胞发育、增强记忆的功能。

视觉享受：★★★★　味觉享受：★★★★　操作难度：★

白萝卜拌鸡丝

TIME 15分钟

菜品特点
清淡爽口
开胃养胃

- **主料：** 鸡胸脯肉200克，白萝卜1个
- **配料：** 香菜5克，葱10克，蒜2瓣，姜2片，料酒、生抽、精盐、香醋、白糖各适量

操作步骤

①将鸡胸肉脯清洗干净，葱切段，蒜切末；锅里放水，把鸡肉和葱段、姜片、蒜末放进锅里大火煮开；添加料酒去腥，继续用中火煮5分钟左右，至鸡肉熟透后捞出晾凉，手撕成条。

②白萝卜洗净切丝；香菜洗净切段；将白萝卜丝、香菜段和鸡丝混合，添加精盐、白糖、生抽和香醋拌匀即可。

操作要领

鸡肉不要久煮，否则口感柴。

营养贴士

黄瓜中的纤维素对促进人体肠道内腐败物质的排除，以及降低胆固醇有一定作用，能强身健体。

- **主料：** 菜花1棵
- **配料：** 精盐、醋、味精、芥末油各适量

操作步骤

①菜花瓣成小块洗净，放入开水里焯熟，捞出晾凉，放在碗里。

②另取一个小碗，放入芥末油、精盐、醋、味精拌匀，淋在菜花上，吃的时候拌匀即可。

操作要领

芥末油辛辣，可以酌情添加。

营养贴士

菜花是一种粗纤维含量少、品质鲜嫩、营养丰富、风味鲜美、人们喜食的蔬菜。

视觉享受：★★★★　味觉享受：★★★★　操作难度：★

凉拌菜花

TIME 10分钟

菜品特点
清凉可口
凉爽开胃

TIME 30 分钟

菜品特点
鲜嫩鲜香
味美家常

泡椒鸭胗

- **主料：** 鸭胗 300 克，泡椒 1 袋
- **配料：** 青椒、红椒各 30 克，精盐 3 克，酱油、香油各适量

视觉享受：★★★★
味觉享受：★★★★
操作难度：★

操作步骤

①鸭胗洗净切片；青椒、红椒均去蒂洗净切细丝；泡椒开袋备用。

②锅内注水，加精盐、酱油，放入鸭胗，卤熟后捞出沥干，切花刀；泡椒与鸭胗拌匀，撒上青椒丝、红椒丝，淋上香油拌匀即可。

操作要领

也可以买煮熟的鸭胗以减少操作时间。

营养贴士

鸭胗富含碳水化合物、蛋白质、脂肪、烟酸、维生素 C、维生素 E 和钙、镁、铁、钾、磷、钠、硒等矿物质。

视觉享受：★★★★　味觉享受：★★★★　操作难度：★

姜丝拌莴笋

TIME 10分钟

菜品特点
色彩青绿
口感脆嫩

● 主料：莴笋100克，子姜15克
● 配料：白醋、植物油、精盐各适量

🥢 操作步骤

①莴笋去皮，切细丝；子姜去皮，切细丝备用。

②锅中烧水，水开后放入莴笋丝焯烫至变色后捞出，立即浸入冷水中，反复换水，直至莴笋丝温度变凉。

③另起锅放入适量植物油烧热，浇在放有笋丝的碗中，加入适量白醋和精盐，最后放入姜丝，搅拌均匀即可食用。

🥄 操作要领

莴笋丝焯烫后捞出立即浸冷水中，反复冲洗直到变凉，这样可以最大限度地保持莴笋脆嫩的口感。

👉 营养贴士

莴笋味甘、性凉，具有利五脏、通经脉、清胃热、清热利尿的功效。

● 主料：鸭舌300克
● 配料：黄瓜50克，精盐3克，味精2克，料酒、姜汁各10克，泡红椒丝9克

🥢 操作步骤

①将鸭舌加姜汁、料酒煮熟；黄瓜洗净切斜片，码在盘上。

②鸭舌去除舌膜、舌筋，加精盐、味精、料酒拌匀，稍腌，摆在黄瓜片上，撒少许泡红椒丝即可。

🥄 操作要领

这里也可以买熟鸭舌以节约烹饪时间。

👉 营养贴士

鸭舌具有温中益气、健脾胃、活血脉、强筋骨的功效。

视觉享受：★★★★　味觉享受：★★★★　操作难度：★

凉拌鸭舌

TIME 20分钟

菜品特点
口感纯正
椒香味浓

凉拌豇豆

TIME 20分钟

菜品特点
□感清爽
酸辣爽口

主料: 豇豆250克

配料: 辣椒酱、食用油、精盐、白醋、鸡粉、蒜末、香油、白芝麻、胡萝卜丝各适量

视觉享受: ★★★★
味觉享受: ★★★★
操作难度: ★★

操作步骤

①将豇豆洗净,切成段;锅内放水煮开,倒入少许香油,将豇豆放入焯熟后捞出沥干。

②热炒锅,倒入适量的食用油,放入蒜末炒香,鸡粉、精盐、白醋和水调匀,倒入锅内炒匀成芡汁。

③将豇豆按横一排、竖一排的顺序整齐地码在盘中,上面放上胡萝卜丝,将芡汁淋在豇豆上,倒上辣椒酱,均匀地撒上白芝麻即可。

操作要领

豇豆一定要煮熟了才能食用。

营养贴士

豇豆角有理中益气、补肾健胃、和五脏、调营卫、生精髓等功效。

视觉享受：★★★ 味觉享受：★★★★ 操作难度：★

水煮毛豆

TIME 20分钟

菜品特点
取自天然
激恩鲜

> **主料：** 毛豆200克
> **配料：** 花椒5粒，香料包1个，精盐2克，葱、姜各适量

操作步骤

①将毛豆用剪刀剪去两角，清水洗净后备用；葱、姜切片备用。
②锅中放水，水开后下入毛豆、香料包、精盐，大火煮开，转小火后敞盖煮7分钟左右关火，毛豆在锅中继续浸泡半天（6小时左右）后捞出即成。

操作要领 ◀◀◀

香料包里一般有八角、小茴香、桂皮、花椒等。

营养贴士

毛豆味甘、性平，能驱除邪气、止痛消水肿、除胃热、通瘀血、解药物之毒。

> **主料：** 猪肚200克
> **配料：** 黄瓜50克，香油5克，味精1克，泡椒、芥末各3克，辣椒油、醋、蒜茸各适量

操作步骤 ◀◀

①先将猪肚去除肥油，在锅里汆一下，刮去白膜，煮熟晾凉切成丝，再用开水焯一下，捞出沥干水分晾晾；黄瓜洗净切成丝。
②将切好的肚丝均匀码放在一个干净的玻璃碗中，放入香油、醋、辣椒油、芥末、蒜茸，加入黄瓜丝和少许泡椒，撒上味精拌匀即可。

操作要领 ◀◀◀

猪肚要事先汆好去掉肥油，口感会更清爽。

营养贴士

猪肚具有治虚劳羸弱、泄泻、消渴、小便数频、小儿疳积的功效。

视觉享受：★★★★ 味觉享受：★★★★ 操作难度：★

凉拌肚丝

TIME 20分钟

菜品特点
爽口香辣
质脆鲜嫩

辣油耳丝

TIME 10分钟

菜品特点
油润红艳
麻辣软韧

● **主料**：卤好的猪耳朵 500 克

● **配料**：辣椒油 20 克，酱油膏 20 克，味精 3 克，白糖 5 克，香油 5 克，红辣椒、青蒜各 30 克

视觉享受：★★★★
味觉享受：★★★★
操作难度：★

🌀 操作步骤

①青蒜洗干净切斜刀；红辣椒洗净去籽后切细丝备用；将卤好的猪耳朵切成长细丝。

②将猪耳朵丝、红辣椒丝、青蒜放入盘中，加辣椒油、酱油膏、味精、香油、白糖拌匀即可食用。

🍴 操作要领

也可以买生猪耳自己卤制。

☞ 营养贴士

猪耳朵具有补虚损、健脾胃的功效，适用于气血虚损、身体瘦弱者食用。

视觉享受：★★★★　味觉享受：★★★★　操作难度：★

椒丝*拌海螺*

TIME 20分钟

菜品特点
色彩分明
滋味醇香

⊃ **主料：** 海螺肉 100 克

⊃ **配料：** 灯笼椒 50 克，香油 7 克，酱油、醋各 5 克，黄酒 10 克，味精 2 克，香菜 1 棵，葱白 1 段

操作步骤

①海螺肉洗净，切成薄片，放入开水锅内焯一下，捞入凉水内浸凉，装入盘内。

②香菜洗净切段；葱白洗净切成细丝；灯笼椒洗净切丝待用。

③将酱油、醋、香油、味精、黄酒兑成汁，浇在海螺片上，放上香菜段、葱白丝、灯笼椒丝即可。

操作要领

海螺肉一定要洗净。

营养贴士

螺肉含有丰富的维生素 A、蛋白质、铁和钙等营养元素。

⊃ **主料：** 海螺肉 200 克

⊃ **配料：** 葱丝、青辣芥、香油、生抽、精盐、鸡粉各适量

操作步骤

①将海螺肉切片，用开水烫熟，过凉水收紧螺肉。

②将适量青辣芥、精盐、鸡粉、生抽、香油混合好，与葱丝一同拌入螺肉即可。

操作要领

海螺脑神经分泌的物质会引起食物中毒，食用前需去掉头部。

营养贴士

海螺具有清热明目、利膈益胃的功效。

视觉享受：★★★★　味觉享受：★★★★　操作难度：★

葱拌*海螺*

TIME 20分钟

菜品特点
爽口舒心
百味悠长

海虹拌菠菜

TIME 30 分钟

菜品特点
色彩诱捞
口感丰富

→ **主料：** 海虹 500 克，菠菜 300 克
☞ **配料：** 干红尖椒 4 个，蒸鱼豉油、植物油各适量

视觉享受：★★★★
味觉享受：★★★★
操作难度：★★

➰ 操作步骤

①用刷子将海虹的壳刷净，沥水待用；干红尖椒切段；开水锅里放入洗净的菠菜焯烫至菠菜变软且颜色变深，捞出过凉。

②锅里重新加水，放入海虹，煮至海虹开口后捞出，剥出海虹肉，剪去上面的足丝。

③将处理好的海虹肉放入装有菠菜的容器里；干红尖椒段放油锅中炸一下，趁热浇在菜上，再放入适量蒸鱼豉油拌匀即可。

◀ 操作要领

菠菜焯水后一定要把多余的水分挤掉。

☞ 营养贴士

海虹有治疗虚劳伤惫、精血衰少、吐血久痢、肠鸣腰痛等功效。

视觉享受：★★★★ 味觉享受：★★★★ 操作难度：★

浏阳脆笋

TIME 20分钟

菜品特点
消暑佳品
清爽宜人

主料： 浏阳优质脆笋300克

配料： 灯笼椒丝、香芹丝、老鸡高汤、精盐、味精各适量

操作步骤

①将脆笋切丝，稍稍淋水过一下，挤干水分，放入烧红的干锅煸炒至完全没有水汽，盛出备用。

②将笋切丝倒入锅内加少许老鸡高汤煨制，收汁后装入盛器晾凉，加适量精盐、味精调味，撒上灯笼椒丝、香芹丝即可。

操作要领

脆笋需过水一遍并挤干水分，以便收紧笋肉，口感会更佳。

营养贴士

笋不仅能促进肠道蠕动、帮助消化、去积食、防便秘，并有预防大肠癌的功效。

主料： 菠菜、胡萝卜、粉丝各适量

配料： 精盐、糖、醋、蒜茸各适量

操作步骤

①菠菜洗净，用沸水汆熟，放入凉水中过凉，挤去多余的水分，切寸段。

②粉丝用温水泡软，放入沸水中煮熟，放入凉水中过凉，滤干，用剪刀剪短。

③胡萝卜洗净切丝，与菠菜、粉丝一起盛入容器中，加入精盐、醋、糖、蒜茸拌匀即可。

操作要领

菠菜过水去除草酸，以免涩口。

营养贴士

菠菜含有大量的维生素 C、维生素 B_6、叶酸、胡萝卜素、铁、钾等，被公认为养颜佳品。

视觉享受：★★★★ 味觉享受：★★★★ 操作难度：★

素拌凉菜

TIME 15分钟

菜品特点
色泽翠绿
营养丰富

TIME 20分钟

菜品特点
酸甜可口
简单易做

糖醋萝卜丝

● **主料：** 红心萝卜 300 克
● **配料：** 白糖 15 克，白醋适量，鸡精、食盐、白芝麻各少许

视觉享受 ★ ★ ★
味觉享受 ★ ★ ★
操作难度 ★

操作步骤

①红心萝卜去皮，洗净后切成细丝。
②将切好的萝卜丝放在大碗中，加入白糖、白醋、鸡精、食盐腌 15 分钟，食用时撒上白芝麻拌匀装盘即可。

操作要领

切丝时，粗细可根据自己的喜好选择，粗一点的萝卜条也很有风味。另外，稍微加点食盐是为了能够提取萝卜的鲜味。

营养贴士

此菜具有促进体内脂肪分解、减肥美容的功效。

视觉享受：★★★★ 味觉享受：★★★★ 操作难度：★

泡鲜笋

TIME 130 分钟

菜品特点
鲜嫩清香
微脆脆弹

➡ **主料：** 莴笋 1000 克

👉 **配料：** 老盐水 700 克，食盐 10 克，料酒 20 克，醪糟汁 8 克，红糖 5 克，香料包 1 个，红椒丝、香菜段、胡萝卜丝各适量

🔄 操作步骤

①将莴笋去叶、皮，洗净剖两片，再改刀切成块，在老盐水中泡 1 小时，捞起，晾干表面水分。
②将各种调料拌匀装入坛中，放莴笋片及香料包，用竹片卡紧盖上坛盖，添满老盐水，泡 1 小时即成。
③取出切块装盘，撒上红椒丝、香菜段、胡萝卜丝即可。

⚓ 操作要领

笋全过程不能沾油，否则会变质。

👉 营养贴士

莴笋能够调节人体的神经系统，促进肠蠕动，改善便秘。

➡ **主料：** 西蓝花 1 棵

👉 **配料：** 姜片、色拉油、海鲜酱油、芝麻酱、小葱各适量，食盐、鸡精各少许

🔄 操作步骤

①西蓝花掰成小朵，用清水浸泡一下，放开水锅中焯烫过凉；小葱切碎备用。
②锅内放色拉油，加姜片、葱花，爆香后将油倒入西蓝花中，加少许精盐、鸡精调味；芝麻酱装碟；海鲜酱油加芥末装碟，摆上桌，吃时醮食即可。

⚓ 操作要领

如果不喜欢葱油味，可以用蒜茸代替。

👉 营养贴士

食用西蓝花可促进肝脏解毒，增强人的体质和抗病能力。

视觉享受：★★★★ 味觉享受：★★★★ 操作难度：★

油盐水西蓝花

TIME 10 分钟

菜品特点
色泽碧绿
汤汁透明

海蜇头拌鸡丝

TIME 15分钟

菜品特点
清淡咸鲜
回味悠长

主料：海蜇头 250 克，净鸡脯肉 150 克

配料：料酒 10 克，葱花 5 克，醋、熟鸡油、盐、味精、辣椒油各适量

视觉享受：★★★★
味觉享受：★★★★
操作难度：★

操作步骤

①鸡脯肉煮熟晾晾，切成丝；海蜇头切细丝，洗净，下热水略焯。

②碗内放盐、味精、醋、料酒兑成汁。

③将鸡丝，海蜇丝放到碗中，加入兑好的汁拌匀，淋上鸡油和辣椒油，撒上葱花即可。

操作要领

鸡丝要切均匀。

营养贴士

海蜇能软坚散结、行淤化积、清热化痰。

视觉享受：★★★★　味觉享受：★★★★　操作难度：★

野菜牛百叶

TIME 15分钟

菜品特点
色泽鲜明
口感清爽

> **主料：** 牛百叶、野菜各200克
> **配料：** 姜20克，干红辣椒若干个，香菜1棵，精盐、鸡精、香油、香醋、高汤各适量

操作步骤

①牛百叶切丝；姜切末；干红辣椒、香菜切段；牛百叶焯水1分钟，野菜洗净焯水至断生捞出，与牛百叶拌匀。
②精盐、鸡精、香油、香醋、高汤和姜末、香菜段、干红辣椒段混合成汁，淋在牛百叶和野菜上，拌匀装盘即可。

操作要领

牛百叶用温水浸泡10~30分钟后捞出，趁湿加适当的面粉，用手搓，会洗得非常干净。

营养贴士

牛百叶具有补益脾胃、补气养血、补虚益精、消渴的功效。

> **主料：** 竹笋200克，香菇（干）30克
> **配料：** 料酒5克，葱花、姜末各5克，淀粉（蚕豆）5克，花生油15克，盐2克，白砂糖3克

操作步骤

①香菇泡发洗净，切丝，放沸水中焯熟，捞出入盘。
②竹笋去皮，洗净切丝，放沸水中焯熟，放入盘中。
③炒锅上火，倒入花生油烧热，下葱花、蒜末、料酒、盐加少许水烧开，将湿淀粉入锅勾成薄芡，浇在竹笋、冬菇丝上即成。

操作要领

泡香菇的水不要倒掉，可以加入菜中进行烹饪。

营养贴士

此菜具有清热解毒、降压、去脂、瘦身、抗衰老的作用。

视觉享受：★★★★　味觉享受：★★★★　操作难度：★★

香菇炝脆笋

TIME 10分钟

菜品特点
色泽清透
口感鲜嫩

什锦果冻

TIME 20分钟

菜品特点
清凉爽口
香浓幼滑

⊕ **主料:** 蜜樱桃 20 颗,苹果 2 个,橘瓣 15 瓣,菠萝少许
⊕ **配料:** 白糖 300 克,冻粉 15 克

视觉享受：★★★★
味觉享受：★★★★
操作难度：★★

🥄 操作步骤

①将冻粉放入盆内,用清水洗净,浸泡后放入沸水锅内熬化;橘瓣、苹果、菠萝、樱桃分别切成同样大的丁或片。

②锅中加水烧沸,倒入以上水果丁(片)稍煮,用手勺捞起备用;用余下的汁水再加适量白糖烧沸,放入熬化的冻粉内,再放入煮过的水果,分别装入20个小杯(碗)内,做成各种图案,放入冰箱冷冻。

③待冷冻后,分别翻入盘中,淋上糖汁水即成。

🔥 操作要领

冻粉一定要熬化至浓稠,便于冷冻凝固。

☞ 营养贴士

苹果有预防和恢复疲劳的功效。

视觉享受：★★★★　味觉享受：★★★★　操作难度：★

老醋蛰头

TIME 10分钟

菜品特点
脆嫩爽口
醒缓开胃

● **主料：** 蛰头 300 克
● **配料：** 小黄瓜 2 根，老醋、精盐、蒜末、泡椒末、香菜碎、香油各适量

操作步骤

①先用温水泡一下蛰头，然后切片晾凉待用；小黄瓜洗净，切薄片备用。
②蛰头摆在盘子中央，黄瓜片围绕四周摆盘做出造型，浇上老醋、精盐、蒜末调好的汁，撒上香菜碎和泡椒末，淋上香油拌匀即可。

操作要领

烫蛰头用温水即可，不要用开水。

营养贴士

海蜇头味咸、性平，具有清热化痰、消积化滞、润肠通便的功效。

● **主料：** 牛肉（瘦）200 克
● **配料：** 黄瓜、洋葱、青椒各 50 克，香菜 20 克，花椒 10 克，精盐 3 克，味精 2 克，醋、香油各 5 克，胡椒粉 1 克

操作步骤

①将牛肉煮熟切丝；黄瓜、洋葱、青椒分别切成与牛肉一样长短的细丝；香菜切成和牛肉丝一样长的段备用。
②花椒用香油炸出花椒油；将牛肉丝、黄瓜丝、洋葱丝和青椒丝加精盐、味精、醋、香油、胡椒粉拌匀，浇上热花椒油即可。

操作要领

牛肉最好选用牛腱肉，口感更佳。

营养贴士

牛肉具有补中益气、滋养脾胃、强健筋骨、化痰息风、止渴止涎的功效。

视觉享受：★★★★　味觉享受：★★★★　操作难度：★

炝拌牛肉

TIME 15分钟

菜品特点
椒香麻辣
口感独特

手撕鸭脯

TIME 15分钟

菜品特点
口感细腻
鲜美多汁

➡ 主料：熟鸭脯肉 300 克

➡ 配料：白菜 200 克，红椒 1 个，葱花、精盐、绍酒、味精、淀粉、白糖、酱油、鸡精、辣椒油、香油、料酒、姜片、食用油各适量

视觉享受 ★★★★
味觉享受 ★★★★
操作难度 ★

操作步骤

①白菜洗净掰开，氽水后捞出晾凉；熟鸭脯肉撕成细丝；红椒洗净切丝；精盐、绍酒、味精、辣椒油、淀粉、白糖、酱油、鸡精、香油、料酒、姜片、食用油调成芡汁备用。

②将调好的芡汁淋在拌好的熟鸭脯肉和白菜上，撒上红椒丝和葱花即可。

操作要领

因为熟鸭脯肉本来就有咸味，不需放太多精盐。

营养贴士

鸭胸脯肉具有补虚劳、滋五脏之阴、清虚劳之热、补血行水、养胃生津、清热健脾的功效。

视觉享受：★★★ 味觉享受：★★★ 操作难度：★★

蕨菜拌鱼皮

TIME 15分钟

菜品特点
口感脆嫩
嫩滑鲜香

主料： 鱼皮 200 克，蕨菜 100 克

配料： 青椒、红椒、豆芽各 30 克，白醋 15 克，食盐 3 克，鸡精 5 克，香油 5 克，花椒油 20 克，姜汁 10 克，蒜末、生抽各少许

🍳 操作步骤

①鱼皮洗净，切成长 5 厘米的细条备用；蕨菜洗净切段；青椒、红椒洗净切丝。

②锅内放入沸水，放入鱼皮大火汆 40 秒，取出后立即用凉水冲凉；蕨菜和豆芽焯水，投凉，沥干水分。

③将蒜末、白醋、食盐、鸡精、花椒油、香油、姜汁、生抽调匀成汁，和蕨菜、鱼皮、辣椒丝、豆芽拌匀即可。

💧 操作要领

鱼皮成品以肉净、质厚、不带咸味者为佳。

👉 营养贴士

鱼皮中的白细胞——亮氨酸有抗癌作用，可以预防癌症，降低癌变的发生率。

主料： 五花肉 300 克

配料： 黄瓜 1 根，鸡精 2 克，葱 1 段，姜片 5 克，蒜 2 头，精盐、醋、生抽、香油、米酒、糖、辣椒油、料酒、冰糖、桂皮各适量

🍳 操作步骤

①黄瓜洗净切丝；将五花肉入清水中，放入料酒、冰糖、桂皮，加入葱段、姜片和米酒，大火烧开，转中小火煮 30 分钟左右。

②蒜压成泥，与香油、生抽、糖、精盐、辣椒油、醋、鸡精混合为味汁。

③将煮熟的五花肉放冷后切薄片，再将切好的五花肉片过几秒钟的开水捞出，将切好的黄瓜丝卷在晾凉的五花肉里，均匀码放在盘中，淋上味汁即可。

💧 操作要领

煮肉时，锅里的水要没过肉。

👉 营养贴士

猪肉能改善缺铁性贫血，具有补肾养血、滋阴润燥的功效。

视觉享受：★★★★ 味觉享受：★★★★ 操作难度：★★

蒜泥白肉

TIME 60分钟

菜品特点
蒜香浓郁
健康开胃

豌豆凉粉

TIME 60 分钟

菜品特点
色泽清亮
香豌滑糯

● 主料：豌豆 1000 克
● 配料：酱油 120 克，菜籽油 10 克，精盐 15 克，味精 4 克，辣椒油 100 克，白皮大蒜 45 克，香油 2 克，姜汁 50 克，花生酱、冰糖、花椒各适量

视觉享受：★★★★
味觉享受：★★★★
操作难度：★★★

操作步骤

①将豌豆洗净用清水泡发，换清水，磨成细浆，用双层纱布过滤，去其渣，取其粉浆。锅置旺火上，烧热后放入少许菜籽油，随即加入水，待沸后下入粉浆不断搅拌，待粉浆逐渐浓稠后，用力搅拌至用搅棒挑浆时能呈片状流下即熟。

②将熟的粉糊舀入缸中，冷却后即成凉粉，把凉粉置冰箱中冷冻；将大蒜去皮，捣成茸，加入菜籽油和适量冷开水，调成蒜泥；花椒投入烧热的油锅内，炸出香味，连油带花椒倒入碗内备用。

③冰糖粉碎后，加酱油溶化；吃时将冷冻的凉粉切成小块装盘，分别放入冰糖、酱油、辣椒油、精盐、味精、花生酱、花椒油、香油、姜汁、蒜泥即可。

操作要领

花生酱比较黏稠，可以加入少量温水拌开后再调汁。

营养贴士

豌豆中富含粗纤维，能促进大肠蠕动、保持大便通畅，起到清洁大肠的作用。

视觉享受：★★★★ 味觉享受：★★★★ 操作难度：★

脆笋拌虾仁

TIME 10分钟

菜品特点
鲜嫩爽脆
酸甜开胃

主料： 竹笋、虾仁各100克

配料： 胡萝卜1根，青椒1个，红尖椒2个，精盐、白糖、白醋、味精、食用油、香油、芥末各适量

操作步骤

①将竹笋切段，放开水中加精盐、食用油，烫1分钟左右，捞出过凉；再将虾仁放入烫熟备用。

②将胡萝卜洗净切花；青椒、红尖椒洗净切段；取一小碗，加入芥末、白醋、精盐、白糖、味精、香油拌匀浇在脆笋、虾仁上，放入胡萝卜片和青椒段、红尖椒段一起搅拌均匀即可。

操作要领

水烧开加精盐和油，将笋焯烫1分钟后过凉，以保持口感脆嫩。

营养贴士

竹笋味甘、微寒、无毒，具有清热化痰、益气和胃、治消渴、利水道、利膈爽胃等功效。

主料： 猪肚500克

配料： 彩椒3个，姜1块，黄酒、姜丝、胡萝卜丝、葱白丝、米醋、明矾、葱结、酱油、麻油、香菜段各适量

操作步骤

①猪肚洗净汆水后捞出，用刀刮去白衣，再放入明矾和米醋擦透，放在清水中洗净。

②清水烧沸，放入猪肚烧滚，加入黄酒、姜块、葱结继续烧，直到猪肚八成熟时取出，用刀沿猪肚长的方向剖开，平摊在盆子里并在其上面用重物压住，使猪肚平整，待其自然冷却。

③把彩椒切丝，和胡萝卜丝、葱白丝、姜丝一起衬底，猪肚切厚片，淋上酱油和麻油，撒上香菜即可。

操作要领

猪肚一定要清洗干净，放在清水中洗去黏液。

营养贴士

猪肚具有补虚损、健脾胃等功效。

视觉享受：★★★★ 味觉享受：★★★★ 操作难度：★★

白切猪肚

TIME 60分钟

菜品特点
肉色尼里
肥而不腻

TIME 30分钟

菜品特点
蒜蓉浓郁
九味并存

九味白肉

➡ **主料：** 五花肉500克

➡ **配料：** 菠菜100克，小葱、姜各15克，大蒜5克，料酒10克，精盐6克，味精、花椒粉各3克，酱油、香油、陈醋各5克，白芝麻少许

视觉享受：★★★★
味觉享受：★★★★★
操作难度：★★★

🍳 操作步骤

①葱、姜均一半切片，一半切末；大蒜捣成泥备用。

②五花肉入沸水中煮烫，捞入凉水中漂洗；清水、葱片、姜片、料酒放入锅中煮沸，放入五花肉，小火煮熟，锅离火，加精盐，将肉浸泡入味。

③取一小盆，将蒜泥、姜末、葱末、精盐、味精、花椒粉、酱油、香油、陈醋、凉开水放入盆中，调制成九味汁。

④将煮熟的五花肉从汤中捞出，控净水，切成大薄片，整齐地码放盘中；菠菜余水捞出，摆放在白肉上，将调和好的九味汁浇在肉片上，撒上白芝麻即成。

🍳 操作要领

葱、姜要制成极细的末，有条件可用纱布将葱末、姜末包起来，用力挤压，用其汁来调成九味汁，有用其味不见其料的效果。

☞ 营养贴士

猪肉能改善缺铁性贫血，具有补肾养血、滋阴润燥的功效。

视觉享受：★★★★ 味觉享受：★★★★ 操作难度：★★

腐乳拌腰丝

TIME 20分钟

菜品特点
腰丝脆嫩
敞料爽口

- **主料**：猪腰 150 克
- **配料**：酱油 15 克，金针菇、豆腐丝各 50 克，腐乳、料酒、醋各 10 克，精盐 3 克，姜、蒜各 5 克，胡椒粉 2 克，白芝麻、蒜苗各少许

操作步骤

①腰子撕去皮膜，从中部片成两片，除净腰臊，再片成薄片，顺着腰身的长度切成细丝，放入沸水中，待其伸展开、颜色变白时立即捞出，沥干水分。
②金针菇切掉根部撕开备用；姜、蒜切成末。
③将腰丝放在容器内，加精盐、料酒、酱油拌匀；金针菇用沸水氽过，沥水后装入另一容器内，放入豆腐丝、蒜苗，加精盐、料酒、酱油、醋搅拌均匀，装在盘内。
④把拌好的腰丝盖在上面，放蒜末、姜末、胡椒粉，加腐乳拌匀，撒上少许白芝麻即可。

操作要领

腰丝不要氽的太老。

营养贴士

猪腰具有补虚壮阳、消食带、防冷痢、止消渴的功效。

- **主料**：水发牛百叶 300 克
- **配料**：蒜泥 10 克，香油、花椒油各 3 克，味精 3 克，鸡精 5 克，生抽 5 克，红油 20 克，白糖、白芝麻、自制特色香辣酱、高汤各适量

操作步骤

①将水发牛百叶改刀成大片，下入开水锅内氽水后，放入冰水中凉透控水，均匀地放置碗中。
②取调味碗一只，将所有调料均匀地调制完毕，吃时撒在百叶上面即可。

操作要领

上桌的方式可以分为两种，一种是直接将汁水淋入盘内；一种是将调制好的调料用味碟装上，随牛百叶等一起上桌食用。

营养贴士

百叶性平、味甘，有补虚、益脾胃等功效。

视觉享受：★★★★ 味觉享受：★★★★ 操作难度：★

过桥百叶

TIME 20分钟

菜品特点
口感清素
麻腴酱香

凉拌笋丝

TIME 10分钟

菜品特点
酸爽爽口
色泽青绿

主料: 芦笋 300 克

配料: 青椒、红椒各 15 克，洋葱 10 克，食盐、白糖各 5 克，花椒 6 粒，葱白、生抽、白醋、干辣椒段、橄榄油各适量，鸡精、胡椒粉各少许

视觉享受：★★★
味觉享受：★★★★
操作难度：★★

操作步骤

①芦笋去老皮洗净，切丝；青椒、红椒、洋葱、葱白洗净，切丝。

②将芦笋丝、青椒、红椒、洋葱丝放入碗中，调入食盐、白醋、生抽、鸡精、胡椒粉、白糖拌匀。

③锅中倒入少许橄榄油，油里放干辣椒段、花椒，在火上加热，油热后浇在笋丝上即可。

操作要领

芦笋切丝后不要水洗，即使洗也要把水控干，否则会失去它本身的清香。

营养贴士

芦笋富含多种氨基酸、蛋白质和维生素，能够提高身体免疫力。

视觉享受：★★★★ 味觉享受：★★★★ 操作难度：★

香油南瓜丝

TIME 15分钟

菜品特点
口感爽脆
清淡香糯

⊙ **主料：** 南瓜 200 克，红彩椒 1 个
⊙ **配料：** 醋 5 克，香油 2 克，精盐 2 克

操作步骤

①南瓜洗净去皮去瓤，切成丝焯水至断生；红彩椒洗净切丝。
②将南瓜丝和彩椒丝放入碗中，把醋、香油、精盐合在一起调成味汁，浇在南瓜丝和彩椒丝上拌匀即可。

操作要领

南瓜不需久煮，断生即可捞出。

营养贴士

常吃南瓜，可使大便通畅、肌肤丰美。

⊙ **主料：** 鲜鸭梨 500 克
⊙ **配料：** 绿樱桃 1 颗，白糖适量

操作步骤

①将鸭梨削皮，洗净，挖掉核。
②将鸭梨转刀切成薄片，装盘，撒上白糖，放上绿樱桃点缀即可。

操作要领

鸭梨最好挑选个头稍大，汁水饱满的。

营养贴士

鸭梨具有清心润肺、止咳平喘、燥利便、生津止渴、醒酒解毒的功效。

视觉享受：★★★★ 味觉享受：★★★★ 操作难度：★

雪花梨片

TIME 10分钟

菜品特点
爽口味甘
清心润肺

开胃子姜

TIME 24小时

菜品特点
红绿相间
酸甜微辣

主料： 子姜 500 克

配料： 酿造白醋 250 克，冰糖 260 克，精盐、辣椒酱、葱花各适量

视觉享受：★★★★
味觉享受：★★★★
操作难度：★★

操作步骤

①子姜刷洗净切段，放入碗中撒入精盐腌渍 30 分钟，将水分逼出。

②白醋与冰糖放入锅中，开小火将冰糖熬化，然后放置一边晾凉备用；把姜中的水分挤干，挤得越干越好；把挤干水分的子姜放入干净的玻璃瓶中，然后将晾凉的冰糖醋汁倒入，倒入辣椒酱，加上精盐，腌一天就可以了。

③食用时用筷子夹出放在碟子里，撒上一撮葱花即可。

操作要领

腌好的子姜在每次食用时要用干净的筷子取出，不要沾油，不然容易变质。

营养贴士

姜辛、微温、无毒，可除风邪寒热、益脾胃、散风寒、止呕吐、治反胃。

视觉享受：★★★　味觉享受：★★★★　操作难度：★

蓝莓雪山

TIME 20分钟

菜品特点
清雅气派
口感粉人

- **主料**：山药1根
- **配料**：黄瓜片2片，蓝莓酱适量

操作步骤

①山药洗净剥皮，煮熟后打成泥，放在盘里。
②往做好的山药泥上淋上蓝莓酱，把黄瓜片斜插在山药泥上即可。

操作要领

山药一定要去皮洗净。

营养贴士

山药有滋养强壮、助消化、敛虚汗、止泻的功效。

- **主料**：紫皮长茄子1个
- **配料**：青椒丝、朝天椒丝、植物油、郫县豆瓣、姜末、蒜末、精盐、糖、酱油、蚝油、水淀粉各适量

操作步骤

①茄子去皮切成条状，放在锅上面隔水蒸10分钟左右取出，晾凉备用。
②热锅倒油，然后将青椒丝、朝天椒丝、姜末、蒜末倒进去爆香；加入适量精盐、糖、酱油、蚝油、郫县豆瓣，煸炒之后再加入适当的水，最后用水淀粉勾芡。
③把做好的酱汁淋在茄子上面，拌匀即可。

操作要领

茄子易熟，蒸的时间不宜过长。

营养贴士

茄子含有维生素E，有防止出血和抗衰老功能。

视觉享受：★★★★　味觉享受：★★★★　操作难度：★★

烧拌茄子

TIME 15分钟

菜品特点
汁多丰腴
味美肥甘

蒸拌面条菜

TIME 15分钟

菜品特点
清香美味
佐粥佳品

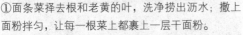

- **主料：** 面条菜 250 克，面粉适量
- **配料：** 大蒜6瓣，香醋、生抽、花生酱、精盐各适量

操作步骤

①面条菜择去根和老黄的叶，洗净捞出沥水；撒上面粉拌匀，让每一根菜上都裹上一层干面粉。
②蒸锅烧开水，把裹了面粉的面条菜放在蒸笼上大火蒸2分钟，关火取出，晾凉。
③大蒜去皮捣成泥，加入生抽、香醋、花生酱和精盐搅拌成酱汁。
④把酱汁浇在晾凉的面条菜上，拌匀即可。

视觉享受：★★★★
味觉享受：★★★★
操作难度：★

操作要领

面条菜在蒸锅里大火蒸2分钟即可，时间长了一是菜的颜色会变暗，二是口感会打折。

营养贴士

面条菜有润肺止咳、凉血止血等功效。

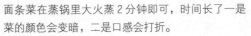

视觉享受：★★★★ 味觉享受：★★★★ 操作难度：★

香拌兔丁

TIME 30 分钟

菜品特点
麻辣劲爆
唇齿留香

主料： 兔肉 500 克

配料： 精盐 25 克，花生仁（炸）15 克，花椒粉 10 克，辣椒油、豆瓣、豆豉、白砂糖、味精各 8 克，胡椒粉 5 克，姜片 2 片，葱段少许

操作步骤

①将洗净的兔肉放入锅内，加清水烧开，撇尽浮沫；加姜片、葱段，移小火上煮熟后捞出晾凉。

②将兔肉去骨，切成 1 厘米见方的丁，装入盘内，加精盐拌匀，再加胡椒粉、辣椒油、豆瓣、豆豉、花椒粉、白砂糖、味精拌匀，撒花生仁即成。

操作要领

兔肉煮之前先烫一遍是为了去除土腥味。

营养贴士

兔肉富含卵磷脂，有健脑益智的功效。

主料： 扁豆 200 克

配料： 醋、生抽各 5 克，糖 3 克，精盐、香油、辣椒油各适量

操作步骤

①将扁豆洗净去筋；锅中加适量水，水开后将扁豆放入笼屉蒸 2 分钟后，捞出过凉。

②扁豆控干水分，放入碗中，加入辣椒油、生抽、香油、醋、糖、精盐拌匀即可食用。

操作要领

扁豆一定要彻底煮熟才能食用。

营养贴士

扁豆具有健脾和中、消暑化湿等功效。

视觉享受：★★★★ 味觉享受：★★★★ 操作难度：★

蒸拌扁豆

TIME 10 分钟

菜品特点
清肥嫩骨
咸鲜适中

糟汁醉芦笋

TIME 40分钟

菜品特点
糟香醇软
口感鲜甜

> **主料：** 芦笋 400 克
> **配料：** 清汤 100 克，精盐 3 克，料酒 20 克，醪糟糟汁 30 克，生鸡油 25 克，胡椒粉 1 克，味精少许

视觉享受：★★★★
味觉享受：★★★★
操作难度：★★

操作步骤

①将芦笋洗净，顺纹切成 8 毫米粗、7 厘米长的条，放入沸水锅内氽一下，捞起沥干水分；取一大碗，加入清汤 100 克、醪糟糟汁、料酒、精盐、胡椒粉、味精搅均匀，再加入芦笋条；将洗净的生鸡油覆盖在上面，用湿纸封严碗口，放入蒸笼中，蒸约 30 分钟取出。

②待撕开封口纸，拣去鸡油渣，取芦笋条放在盘中码放整齐；将适量醪糟糟汁兑均匀淋在芦笋条上即可食之。

操作要领

蒸制成熟后，一定待冷却后才能撕封口纸，以避免糟香随热气散发。

营养贴士

醪糟可生热御寒、补气、活血、催乳，生熟皆可食，兼作调料入馔，又有除异味、增香味等作用。

视觉享受：★★★★　味觉享受：★★★★　操作难度：★

芋丝拌鸭肠

TIME 15分钟

菜品特点
色泽美观
香脆可口

> **主料：** 鸭肠 500 克，魔芋丝 200 克
>
> **配料：** 红椒 25 克，料酒 20 克，醋 10 克，辣椒油 15 克，葱 5 克，香油 5 克，精盐、味精各 3 克

操作步骤

①先将鸭肠剖开，用清水冲洗干净；把洗好的鸭肠和魔芋丝下入开水中烫熟，捞出后放入凉水盆中过凉，然后改刀切成段；将葱、红椒洗净，红椒切圈，葱切成葱花。

②取一个干净的容器放入鸭肠、魔芋丝、红椒圈和葱花，倒入醋、精盐、味精、辣椒油、料酒、香油等，一起调拌均匀，即可装盘。

操作要领

鸭肠放上少许醋和精盐用力揉搓，出现泡沫后用清水洗净即可。

营养贴士

鸭肠富含蛋白质、B 族维生素、维生素 C、维生素 A 和钙、铁等微量元素，对人体新陈代谢、神经、心脏、消化和视觉的维护都有良好的作用。

> **主料：** 金针菇 100 克，干黄花菜 50 克
>
> **配料：** 花椒 8 粒，植物油、精盐、鸡精、醋、生抽、干辣椒末各适量

操作步骤

①金针菇处理干净，撕散；干黄花菜洗净泡发；将金针菇和黄花菜倒入锅中焯水烫熟，捞出用凉水冲一下。

②用精盐、鸡精、醋、生抽兑成调味汁，浇在金针菇和黄花菜上面搅匀。

③锅中热油，下花椒、干辣椒末爆香，然后浇在金针菇和黄花菜上即可。

操作要领

爆香时，植物油一定要烧热。

营养贴士

金针菇具有抵抗疲劳、抗菌消炎、消除重金属盐类物质、抗肿瘤的作用。

视觉享受：★★★★　味觉享受：★★★★　操作难度：★★

金针菇拌黄花菜

TIME 15分钟

菜品特点
口感爽脆
清香素口

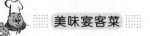

春季杂锦菜

TIME 10分钟

菜品特点 美味爽脆 滋阴润肺

主料: 水发黑木耳、水发银耳各 125 克

配料: 蘑菇、青椒、胡萝卜各 50 克,麻油 15 克,精盐、味精各 2 克,白糖 5 克,胡椒粉适量

视觉享受 ★★★★
味觉享受 ★★★★
操作难度 ★

操作步骤

①水发黑木耳和水发银耳洗净,入沸水中烫一下立即捞出,冷却后沥干装盘;蘑菇切片;青椒、胡萝卜改花刀切片,入沸水焯水后沥干装盘备用。
②取一个干净的碗,放入精盐、味精、白糖、麻油、胡椒粉及少量冷开水,调匀后倒入黑木耳、银耳盘中拌匀即成。

操作要领

双耳不宜焯太久,断生即可捞出。

营养贴士

银耳性平、无毒,有补脾开胃、益气清肠的作用,还可以滋阴润肺。

经典人气
美味热菜

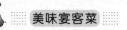

梅菜*扣肉*

TIME 2.5小时

菜品特点
色泽金黄
清甜爽口

> **主料：** 五花肉1块
>
> **配料：** 梅菜1棵，葱花、姜茸、生抽、老抽、蚝油、白糖、精盐、味精、淀粉食用油各适量

视觉享受：★★★★
味觉享受：★★★★
操作难度：★★★★

操作步骤

①梅菜掰开浸泡，使之展开，然后一片片洗净，挤干水分后切碎（不用太碎），换干净的水继续浸泡；五花肉洗净，烧开一锅水，把五花肉放进去煮至八成熟，捞起沥干水分，抹精盐，腌30分钟左右。

②干净的锅内放食用油烧开，把腌好的肉放进去，中火炸，皮在下肉在上，然后翻转过来，直至全部炸到肉皮卷曲，捞起放凉不烫手后，切成一小指厚的片状，皮在下肉在上，一片一片地在大碗内摆放；将浸泡好的梅菜挤干水分，铺放到肉的上面。

③准备一碗调味汁：姜茸、生抽、老抽、蚝油、白糖、精盐、味精、清水，拌匀后均匀倒入五花肉梅菜上面，放进蒸锅蒸1.5~2小时。

④取出蒸好的大碗，放至不烫手后用手端着碗，轻轻滗出汤汁，另碗装起；装好的汤汁加少许淀粉，调成芡汁；用盘子盖住大碗，双手瞬间倒扣，拿掉大碗即成"扣肉"形状；烧热锅，放一点点食用油，转小火，将刚才的芡汁煮成透明状的玻璃芡，浇到扣肉上，撒葱花即可。

操作要领

梅菜蒸制的时间视个人口味而定，喜欢绵软的可以适当延长。

营养贴士

梅菜具有消滞健胃、降脂、降压等保健功效。

视觉享受：★★★★ 味觉享受：★★★★ 操作难度：★★

干锅菜花干

TIME 20分钟

菜品特点
麻辣鲜香
回味悠长

主料： 五花肉 150 克，菜花干 400 克

配料： 红辣椒 2 个，色拉油、生抽、牛肉辣酱、白糖各适量

操作步骤

①菜花干洗净；五花肉切成薄片；红辣椒切成圈。

②锅烧热放油，油热下五花肉片用中火煸炒至表面全部变色，继续煸炒一会儿，把肥肉部分的油逼出一部分。

③加入 1 汤匙牛肉辣酱炒香，倒入红辣椒圈和干菜花，翻炒几下；加入 1 汤匙生抽，再加入一些白糖，转大火不断翻炒 1 分钟左右，关火起锅。

操作要领

菜花干直接从超市就可买到。

营养贴士

猪肉性干、味咸平，含有丰富的蛋白质及脂肪、碳水化合物、钙、磷、铁等成分。

主料： 猪小排 500 克

配料： 油、料酒、生抽、老抽、香醋、白糖、精盐、蒜茸、豆瓣酱、味精各适量

操作步骤

①猪小排焯水后，煮 30 分钟；用适量料酒、精盐、生抽、老抽、豆瓣酱、香醋腌渍 20 分钟；腌排骨的水留下备用。

②猪小排捞出洗净控水，锅内放油炸至金黄备用；锅内放排骨、腌排骨的水、适量白糖、蒜茸大火烧开，调入适量精盐提味。

③小火焖 10 分钟大火收汁，收汁的时候最后加适量香醋，撒上味精，出锅即可。

操作要领

排骨煮 30 分钟再大火热油炸到外面焦黄，就外酥里嫩了，如果用生排骨直接炸，容易老。

营养贴士

排骨有滋阴润燥、益精补血的功效。

视觉享受：★★★★ 味觉享受：★★★★ 操作难度：★★★

糖醋排骨

TIME 70分钟

菜品特点
甜酸适中
口感绵软

TIME 60分钟

菜品特点
色泽金黄
软糯酥嫩

四喜丸子

🔴 **主料：** 五花肉适量

👉 **配料：** 泡发玉兰片、荸荠、香菇（干）、火腿、葱花、姜、鸡蛋清、香油、鸡精、料酒、酱油、花椒油、精盐、花生油、牛肉粉、水淀粉、高汤各适量

视觉享受：★★★★
味觉享受：★★★★
操作难度：★★★

🔄 操作步骤

①葱花在温水中浸泡 10 分钟，滤去葱花，剩余的葱花水备用；干香菇在另一个碗中用温水泡发，切成小丁，另外保留一个完整的香菇备用；泡发玉兰片、荸荠、火腿也切成小丁。

②用刀将五花肉剁成末，姜一半切片，一半切末；将剁好的肉末与姜末和四种丁混合在一起后倒入香油、鸡蛋清；用手朝着一个方向搅拌肉馅，使其上劲儿，倒入葱花水、姜末，搅匀加入鸡蛋清。

③加入牛肉粉、精盐、鸡精和料酒调味；用手掌来回地摔打几下肉馅，再团成丸子；待锅中的热油烧至六成热时，放入丸子，炸至表面金黄；用笊篱将丸子捞出来沥油。

④砂锅中码放好丸子，放入葱花、姜片，倒入高汤、酱油、料酒和少许精盐，中火烧开后转小火炖 20 分钟，捞出丸子盛盘；砂锅里的原汤过滤掉葱姜，倒在净锅里烧开，加水淀粉勾芡，淋入花椒油后关火，趁热浇在丸子上，在上面摆放香菇和姜片即可。

♨ 操作要领

丸子馅调味时用葱花水，如果直接将葱花混合在丸子里，那么在油锅里炸丸子时，葱花受热后容易变黑发煳，会影响整个丸子的美观和口感。

👆 营养贴士

猪肉含有丰富的优质蛋白质和人体必需的脂肪酸。

视觉享受：★★★★　味觉享受：★★★★　操作难度：★★

板栗白菜

TIME 15分钟

菜品特点
色泽鲜艳
浓香适口

- 🍲 **主料**：大白菜心 300 克，栗子 500 克
- 🥄 **配料**：植物油 50 克，鸡油 60 克，精盐、味精各 7 克，料酒 25 克，鸡汤 15 克，湿淀粉 10 克，清汤 250 克

🔄 操作步骤

①将大白菜心清洗干净，用开水汆透后捞出冲凉，理顺，整齐地放在盘子内，撒上 3 克精盐，注入清汤 250 克上屉蒸 5 分钟；栗子煮软去壳和内皮，加植物油略炒，捞出来放在碗里，加些汤上屉蒸烂。

②将炒锅烧热，注鸡油 45 克，把白菜稍炒几下，加入鸡汤、料酒、精盐、味精、栗子（去汁），用小火烧一下，将白菜整齐地摆入盘内；再把汁调好味，加上味精，用湿淀粉勾成稀芡浇在白菜上，淋上剩下的鸡油即成。

👍 操作要领

白菜不易蒸煮过久，以免过于稀烂，影响口感。

👉 营养贴士

栗子能补脾健胃、补肾强筋、活血止血。

- 🍲 **主料**：猪肘子 1 个
- 🥄 **配料**：葱节 50 克，绍酒 50 克，姜片 15 克，精盐 5 克，老抽、香菜各适量

🔄 操作步骤

①猪肘刮洗干净，顺骨缝划切一刀，放入汤锅煮透，捞出剔去肘骨，放入垫有猪骨的砂锅内，倒入煮肉原汤。

②放入葱节、姜片、绍酒、老抽，在旺火上烧开，然后移到微火上煨炖约 3 小时，直至用筷轻轻一戳肉皮即烂为止。

③吃时放精盐连汤舀入碗中，放上香菜装饰即可；也可蘸酱油味汁食用，味道更佳。

👍 操作要领

猪肘子炖烂后，可放在汤中多浸泡一段时间，这样更容易入味。

👉 营养贴士

猪肘有和血脉、润肌肤、填肾精、健腰脚的作用。

视觉享受：★★★★　味觉享受：★★★★　操作难度：★★

东坡肘子

TIME 3小时

菜品特点
原汁原味
香气四溢

火腿炒韭薹

TIME 15分钟

菜品特点
红绿相间
口感鲜嫩

▶ **主料：** 韭薹 300 克，火腿 100 克
▶ **配料：** 精盐、食用油、鸡精、胡椒粉、味精各适量

视觉享受：★★★★
味觉享受：★★★★
操作难度：★

🔄 操作步骤 ◀

①韭薹洗净切小段；火腿切细条。

②锅中倒入食用油烧热，放入韭薹及火腿炒香，加入精盐、鸡精、胡椒粉、味精翻炒至汤汁收干后盛出装盘即可。

🍴 操作要领 ◀◀◀

韭薹翻炒时间不宜过长，以免破坏其鲜嫩的口感。

📣 营养贴士

韭薹可生津开胃、增强食欲、促进消化。

视觉享受：★★★★ 味觉享受：★★★★ 操作难度：★★

腰果炒虾仁

TIME 15分钟

菜品特点
鲜海鲜香
开胃健脾

➡ **主料:** 虾仁200克，腰果、火腿各50克

➡ **配料:** 青椒、红椒各1个，葱末、姜末各10克，料酒、精盐、白胡椒粉、水淀粉、白糖、植物油各适量

🍳 操作步骤

①火腿切丁；青椒、红椒洗净去蒂切成圈状。

②小火烧热锅中的油，放入腰果炸熟，捞出控油；鲜虾同样滑熟捞出。

③锅中留底油，放入葱末、姜末、青椒圈、红椒圈炒香；再加入虾仁和火腿翻炒，调入料酒、精盐、白胡椒粉、白糖和水淀粉，翻炒均匀后加入腰果，拌匀即可。

🥄 操作要领 ◄◄◄

在炸虾的时候一定要控制好油温，浸炸的时候将火调到最小挡，以免炸煳。

👉 营养贴士

虾肉蛋白质、钙质丰富，具有开胃补肾的功效。

➡ **主料:** 猪肉500克，水发蹄筋、虾仁各适量

➡ **配料:** 小油菜200克，姜、葱、料酒、精盐、蛋清、淀粉、味精、胡椒粉、鸡粉、花生油、生粉各适量

🍳 操作步骤 ◄

①将猪肉、虾仁、姜、葱剁成末，一同放入碗中，加入精盐、味精、胡椒粉、料酒、鸡粉搅拌均匀；水发蹄筋氽水后用凉水冲洗一下。

②将肉馅放在盆内，加蛋清、淀粉顺一个方向搅拌至上劲，用手捏成大小相同的丸子，蘸上生粉，放油锅中炸制3分钟，捞出；锅内加油，下入葱末、姜末爆锅，烹入料酒，放入蹄筋，烧制5分钟；下入丸子，焖制30分钟，放上小油菜，出锅盛盘即成。

🥄 操作要领 ◄◄◄

做丸子肉馅要剁成末，不要剁成泥；丸子大小要一致；用中火速炸，注意不要炸散。

👉 营养贴士

此菜富含蛋白质、钙、磷、铁、维生素及碳水化合物等营养物质，具有滋肝阴、补肾液和胃润肠的功效。

视觉享受：★★★★ 味觉享受：★★★★ 操作难度：★★

金陵丸子

TIME 80分钟

菜品特点
软糯鲜美
鲜香

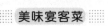

毛氏红烧肉

TIME 80 分钟

菜品特点
色泽红亮
肥而不腻

➡ **主料：** 五花肉 300 克
➡ **配料：** 干辣椒 4 个，桂皮、八角各 2 克，大蒜 1 头，高汤 800 克，猪油 15 克，白糖 12 克，精盐、鸡精、料酒、生抽、蜂蜜各适量

操作步骤

①五花肉洗净，冷水下锅，大火煮开后撇去浮沫再煮 2 分钟后关火；将五花肉的皮刮干净，切成 2.5 厘米见方的肉块；大蒜切片，干辣椒切段。
②锅烧热，放少量油，小火煸香蒜片、干辣椒段、桂皮和八角，倒入肉块翻炒，炒至变色后盛出。
③另起锅放少量油，下入白糖，小火熬化，迅速将炒香的肉块倒入翻炒均匀上色，调入料酒、生抽、精盐，倒入高汤，大火烧开后转小火慢炖 1 小时左右，关火前调入蜂蜜和鸡精即可。

视觉享受：★★★★
味觉享受：★★★★
操作难度：★★

操作要领

五花肉在烹制的过程中有几个窍门，就是第一次煮要肉皮朝上，防止肉皮粘锅；第二次煮则要肉皮朝下，这样让肉皮最先入味，能做出更好的口感。

营养贴士

红烧肉味甘咸、性平，入脾、胃、肾经；具有补肾养血、滋阴润燥等功效。

42

视觉享受：★★★★　味觉享受：★★★★　操作难度：★★★

观音茶炒虾

TIME 30分钟

菜品特点
茶香四溢
口感绵长

主料： 鲜虾 400 克

配料： 茶叶 30 克，精盐 4 克，红辣椒 2 个，葱 2 根，植物油 10 克，料酒、老抽、芝麻油各 3 克，姜末适量，胡椒粉少许

操作步骤

①铁观音放入大碗中，用沸水冲泡 15 分钟，将茶叶与茶汤分离，茶叶控干水；鲜虾剪去须和刺，剔除虾线，洗净沥干水，放入茶汤中浸泡，加入 1 汤匙料酒搅匀静置 30 分钟，捞起沥干水；红辣椒切丁备用。

②锅倒油烧热，放入茶叶中火翻炒 5 分钟，盛起备用。

③锅中续添油，爆香姜末和葱花，倒入鲜虾翻炒至虾壳稍红后，加入红椒丁一起翻炒，加入精盐调味。

④倒入茶叶，与鲜虾一同翻炒 2 分钟至虾肉全熟出锅即可。

操作要领

虾一定要处理干净，否则不卫生。

营养贴士

鲜虾含丰富的钾、碘及维生素 A、氨茶碱等成分，能补肾壮阳、抗早衰。

主料： 鲜牛肉 2500 克

配料： 干辣椒面 75 克，整花椒 5 克，整姜、葱段各 50 克，姜末 25 克，酱油 150 克，花椒面 20 克，盐 30 克，白糖、料酒、红油辣椒、熟芝麻、味精、香油、花生油、清汤各适量

操作步骤

①鲜牛肉去筋，切成 500 克重的块，放入清水锅内烧开，打尽浮沫，加入拍破的整姜和葱段、整花椒，微火煮至断生捞起，晾凉后切成粗丝，放入六成熟的油锅中炸干水分，铲起。

②锅内留余油，下干辣椒面、姜末，微火炒成红色后加清汤，放入牛肉丝（汤要淹过肉丝），加盐、酱油、白糖、料酒，烧开后移至微火慢煨。

③勤翻锅，汤干汁浓时加味精、红油辣椒、香油调匀，起锅装盘，撒花椒面、熟芝麻，拌匀即成。

操作要领

注意把牛肉上的筋丝剔除，否则影响成菜质量。

营养贴士

牛肉有补中益气、滋养脾胃、强健筋骨、化痰息风、止渴止涎的功效。

视觉享受：★★★★　味觉享受：★★★★★　操作难度：★★★

麻辣牛肉丝

TIME 25分钟

菜品特点
色泽红亮
鲜香爽口

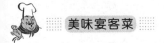

小炒肥肠

TIME 30分钟

菜品特点
色彩鲜艳
口感醇厚

▶ **主料:** 肥肠 300 克
👆 **配料:** 青豆 100 克，植物油、八角、蒜片、老姜、红椒、酱油、草果、花椒、鸡精、味精各适量

视觉享受: ★★★★
味觉享受: ★★★★
操作难度: ★★

🍳 操作步骤

①猪肥肠洗净入沸水中过一下，老姜切丝；起油锅将八角、蒜片、姜丝、草果炒香，加水和酱油烧开。
②放入肥肠卤熟至酥软捞起，将肥肠切成小段；红椒切圈备用。
③起油锅，放入切好的肥肠爆炒，炒香后加青豆翻炒至断生，放红椒圈、花椒、味精、鸡精，炒至青豆和辣椒全熟，装盘即可。

🔥 操作要领

肥肠一定要用粗精盐彻底擦洗干净。

👉 营养贴士

肥肠有润燥、补虚、止渴止血的功效。

视觉享受：★★★★ 味觉享受：★★★★ 操作难度：★★

小炒肝尖

TIME 20分钟

菜品特点
香浓可口
回味悠长

- **主料：** 猪肝 250 克
- **配料：** 红辣椒、青辣椒各 1 个，葱、姜、蒜各 5 克，料酒、淀粉、生抽、植物油各适量

操作步骤

①猪肝洗净切片，然后用淀粉、姜末、料酒上浆，腌 15 分钟；蒜切片，葱切末儿，姜切末，留几粒备用；红辣椒、青辣椒切丝。

②锅倒油烧热，把猪肝滑一下，加葱末、蒜片、姜末翻炒一会儿后放红、青椒丝，再加少量生抽翻炒均匀出锅，撒上余下的姜末即可。

操作要领

肝尖一定要大火快炒，才能保持肝尖鲜嫩的口感。

营养贴士

经常食用动物肝能补充维生素 B₂，完成机体排毒。

- **主料：** 虾仁 300 克，草菇 150 克
- **配料：** 油 30 克，胡萝卜 25 克，彩椒 1 个，蛋清、料酒、胡椒粉、精盐、味精、湿淀粉、葱段各适量

操作步骤

①虾仁洗净后拭干，拌入适量的精盐、胡椒粉、蛋清腌 10 分钟；彩椒洗净切丝；在沸水中加少许精盐，把草菇汆烫后捞出，冲凉；胡萝卜去皮，煮熟后切花。

②锅内放适量油，烧至七成热，放入虾仁过油，滑散滑透时捞出，余油倒出。

③锅内留少许油，下葱段、胡萝卜花、草菇、彩椒，然后将虾仁回锅，加入料酒、精盐、胡椒粉、湿淀粉、味精、清水同炒至熟，装盘即可。

操作要领

虾肉腌前可用清水浸泡一会，以增加虾肉的弹性。

营养贴士

草菇肥大、肉厚、柄短、爽滑、味道极美，故有"兰花菇"之称。

视觉享受：★★★★ 味觉享受：★★★★ 操作难度：★★

草菇虾仁

TIME 15分钟

菜品特点
口味独特
操作简单

TIME 10分钟

菜品特点
口感滑嫩
肉质细嫩

爆炒蛏子

➡ **主料:** 蛏子400克

✍ **配料:** 生菜2片、红椒末、精盐、酱油、葱、姜、蒜、料酒、胡椒粉、白糖、植物油各适量

视觉享受:★★★★
味觉享受:★★★★
操作难度:★★

🔄 操作步骤

①葱切花,姜切丝,蒜切片;蛏子洗净余水后去壳,处理干净备用。

②炒锅放油烧至八成热,下葱花、姜丝、蒜片爆香,放蛏子大火快速翻炒,边炒边加入料酒、精盐、白糖、酱油,炒至蛏壳打开,撒少许胡椒粉,翻炒几下。

③将生菜切丝铺在碗底,将炒好的蛏子盛出放在生菜上,撒上红椒末即可。

🔄 操作要领

蛏子肉在锅里翻炒的时间不能过长,否则蛏子肉会老。

 营养贴士

蛏子肉味甘咸、性寒,入心、肝、肾经,可补阴、清热、除烦、解酒毒。

视觉享受：★★★★　味觉享受：★★★★　操作难度：★★

家常烧带鱼

TIME 10 分钟

菜品特点
浓香红亮
入口即化

主料： 带鱼 500 克

配料： 大蒜 5 瓣，葱 5 克，姜 4 克，八角 1 个，干辣椒 3 个，植物油 100 克，啤酒 200 克，精盐、豆瓣酱、生抽、老抽、白糖各适量

操作步骤

①将带鱼洗净切成段，蒜瓣去皮，葱切花，姜切片。

②锅中油热后将姜片、大蒜、干辣椒、八角放入炒香，加适量豆瓣酱和老抽炒香，加适量清水，加少许白糖提鲜；倒进啤酒；锅中水烧开后，将处理好的鱼倒入，水量刚没过鱼为宜。

③加少许精盐和生抽调味，待锅中水分差不多收干，撒上葱花即可。

操作要领

带鱼切好后充分拌匀腌渍半小时左右，这样更入味。

营养贴士

带鱼性温、味甘，具有暖胃、泽肤、补气、养血以及强心补肾、舒筋活血、提精养神的功效。

主料： 瘦肉 250 克

配料： 水发木耳 70 克，胡萝卜 1 根，莴笋 50 克，泡椒末 30 克，葱 2 棵，姜 1 小块，蒜 5 瓣，白糖、酱油、香醋、精盐、高汤、鱼骨粉、植物油、水淀粉各适量

操作步骤

①将瘦肉洗净切成粗丝，盛于碗内，加精盐和水淀粉调匀；葱、姜、蒜洗净切末备用；水发木耳、莴笋、胡萝卜洗净切丝备用。

②把白糖、酱油、香醋、精盐、葱末、姜末、蒜末、泡椒末、高汤、鱼骨粉、水淀粉调成鱼香汁。

③炒锅把植物油烧热，放入葱末、姜末、蒜末爆香后，加入肉丝滑炒，炒至肉丝变白，加入鱼香汁炒匀；再倒入木耳、莴笋丝、胡萝卜丝，翻炒至酱汁浓稠并裹在肉丝和配料上即可。

操作要领

切肉丝时刀工要严谨，粗细、长短要适宜，不可连刀。

营养贴士

黑木耳中铁的含量极为丰富，故常吃木耳能养血驻颜，令人肌肤红润，容光焕发，并可防治缺铁性贫血。

视觉享受：★★★★　味觉享受：★★★★　操作难度：★★

鱼香肉丝

TIME 30 分钟

菜品特点
鱼香红润
鱼香浓郁

酱蒸排骨

TIME 30分钟

菜品特点
色泽红亮
入口菜骨

▶ **主料：** 猪大排 500 克
▶ **配料：** 姜 2 片，蒜 3 瓣，酱油、料酒、白糖、精盐、小葱各适量

视觉享受：★★★★
味觉享受：★★★★
操作难度：★

🔄 操作步骤

①排骨洗净，剁成块备用；蒜拍碎，小葱切葱花备用；蒜碎和姜片放到排骨上，倒入适量酱油和料酒，加精盐、糖放到高压锅中。
②高压锅上汽后关小火再煮 10 分钟，关火再焖 5 分钟，起锅撒上葱花即可。

📣 操作要领

排骨剁块的时候，大小尽量均匀些，这样摆盘后更好看。

👉 营养贴士

猪排骨提供人体生理活动必需的优质蛋白质、脂肪，尤其是丰富的钙质可维护骨骼健康。

视觉享受：★★★★　味觉享受：★★★★　操作难度：★★

糖醋鱼条

TIME 20分钟

菜品特点
酸甜可口
味美多汁

主料： 草鱼肉适量
配料： 青豆100克，植物油500克，葱花、蒜茸、精盐、胡椒粉、蛋清、糖、醋、麻油、淀粉各适量

操作步骤

①鱼肉切条，用精盐腌一会儿，放在蛋清、水、淀粉和成的糊里，裹一层面糊；青豆用水泡一小会儿。
②锅置旺火上，放入足量植物油，将鱼条浸油炸至金黄捞起，待油再滚，将鱼翻炸，捞起上盘。
③锅里留余油少许，放葱花、蒜茸、精盐、胡椒粉、糖、醋、麻油，加青豆一起翻炒，用湿淀粉（淀粉加水调制）打芡，淋在鱼条上即成。

操作要领

先把鱼肉腌一下，更入味。

营养贴士

对于身体瘦弱、食欲不振的人来说，草鱼肉嫩而不腻，可以开胃、滋补。

主料： 豆角150克，茄子1个
配料： 剁椒15克，酱油、蒜碎、植物油各适量

操作步骤

①豆角去筋洗净，切段；茄子洗净切细条；锅烧热倒植物油，先下豆角丝炒至稍变色，倒入酱油，再加些水，煮约3分钟。
②倒入茄子条，炒至茄子软，倒入剁椒再略为翻炒，最后撒上一些蒜碎即可。

操作要领

茄子皮营养丰富，最好不要去皮。

营养贴士

茄子属于寒凉性质的食物，夏天食用有助于清热解暑，对于容易长痱子、生疮疖的人尤为适宜。

视觉享受：★★★★　味觉享受：★★★★　操作难度：★

豆角炒茄子

TIME 15分钟

菜品特点
味美家常
清香四溢

辣酱鸭胗

TIME 20分钟

菜品特点
口感筋道
麻辣鲜香

- **主料：** 鸭胗适量
- **配料：** 青椒、红椒各200克，辣酱20克，葱、姜各20克，蒜5克，油、酱油各适量

视觉享受：★★★★
味觉享受：★★★★
操作难度：★★

操作步骤

①葱切段，姜、蒜切片，青椒、红椒洗净切段；鸭胗煮好捞出晾晾切片。

②锅中放底油，油热放葱段、姜末、蒜末爆香一下，然后倒入切好的鸭胗加些酱油，煸炒2分钟后倒入青椒和红椒，倒入辣酱大火继续翻炒几分钟，加盖焖3分钟即可。

操作要领

鸭胗要事先煮好，现煮会破坏其他蔬菜所含的维生素。

营养贴士

食用鸭胗可帮助促进消化，增强脾胃功能。

视觉享受：★★★★　味觉享受：★★★★　操作难度：★★

豆豉蒸排骨

TIME 30分钟

菜品特点
口感鲜嫩
肥而不腻

→ **主料：** 排骨320克

→ **配料：** 豆豉10克，油菜1棵，红椒1个，葱1根，姜、盐、白糖、生粉、蚝油、葱花、料酒各适量

操作步骤

①排骨洗净斩块，加入盐、白糖、生粉、蚝油、料酒用手抓匀，腌30分钟；油菜冲洗干净，焯烫之后摆在盘底。

②将红椒去蒂和籽，洗净切成丁；姜、葱都切成末，和豆豉、红椒丁一起，依次放入排骨内，充分搅拌均匀后倒入一深盘内，摊平待用。

③烧开锅内的水，放入豆豉排骨，加盖开大火清蒸30分钟取出，放在铺有油菜的盘子里，撒上葱花，即可出锅。

操作要领

豆豉的份量不宜过多，否则成菜会过咸。

营养贴士

豆豉含有人体所需的多种氨基酸和矿物质、维生素等营养物质。

→ **主料：** 鸭舌30只

→ **配料：** 杭椒圈、红椒圈、葱花各40克，猪油250克，精盐5克，黄酒10克，菱粉20克，醋、蒜片、味精各适量

操作步骤

①将鸭舌放在开水锅里煮熟后捞出，再放入冷水过一过，取出，抽去脆骨，只留舌尖。

②将蒜片、红椒圈、杭椒圈、葱花、精盐、黄酒、醋、菱粉、味精调在小碗里。

③用净锅，下猪油烧热，将鸭舌倒入过一遍；再倒出，滤去油，仍回原锅；随即倒入小碗里的调料，迅速爆炒几下，使调料裹在鸭舌上，即可起锅。

操作要领

这道菜用猪油和鸭舌爆炒口感堪称绝美。

营养贴士

鸭舌有温中益气、健脾胃、活血脉、强筋骨的功效。

视觉享受：★★★★　味觉享受：★★★★　操作难度：★★

风味爆鸭舌

TIME 20分钟

菜品特点
清热去火
爽口鲜嫩

牛肉炒三友

TIME 20分钟

菜品特点
色彩缤纷
口感丰富

- **主料:** 牛肉150克
- **配料:** 毛豆200克，玉米100克，蚝油、精盐各少许，胡萝卜、水淀粉、葱、料酒、剁椒、姜汁、蛋清、植物油各适量

视觉享受: ★★★★
味觉享受: ★★★★
操作难度: ★★

操作步骤

①毛豆剥去外皮，玉米剥粒，胡萝卜洗净切粒。

②毛豆用清水漂洗干净，牛肉切成小丁，用少许蚝油、料酒、姜汁、葱丝、蛋清、水淀粉拌均匀，腌20分钟左右。

③锅置火上，倒植物油烧热，八成热下腌好的牛肉丁，大火快速翻炒；先下毛豆，翻炒至五成熟时，下玉米粒、胡萝卜粒，最后加剁椒，加少许精盐炒匀，关火。

操作要领

剁椒本来就很咸，所以盐要少放或不放。

营养贴士

毛豆中的钾含量很高，夏天常吃，可以帮助弥补因出汗过多而导致的钾流失，从而缓解由于钾的流失而引起的疲乏无力和食欲下降。

视觉享受：★★★★ 味觉享受：★★★★ 操作难度：★★

干炒土豆条

TIME 20分钟

菜品特点
金黄焦脆
浓香热辣

> **主料：** 土豆 400 克
> **配料：** 油 500 克，干红辣椒 30 克，老姜 5 克，大蒜 3 瓣，生抽 15 克，大葱、花椒、辣椒粉各 5 克，孜然籽 3 克，精盐适量

操作步骤

①土豆洗净削皮，切成长条；大葱切成斜片，干红辣椒斜刀切段，老姜和大蒜切碎待用。
②中火烧热炒锅中的油，待烧至六成热时（将手掌置于炒锅上端，能感到有明显热气升腾），将土豆条放入，慢慢炸至焦脆表面金黄（约8分钟），再捞出沥干控油待用。
③炒锅中留底油，烧热后放入辣椒粉、孜然籽、干辣椒段和花椒，小火炸出香味，再放入大葱片、蒜碎和姜碎爆香；将炸好的土豆条放入锅中，调入精盐和生抽，用大火迅速煸干水分，盛入盘中即可。

操作要领

如想省时省力，可直接购买超市中出售的速冻薯条，炸熟后便可直接烹调。

营养贴士

土豆有和胃、调中、健脾、益气的作用。

> **主料：** 芦笋 400 克，五花肉 300 克
> **配料：** 生抽、蒜末、精盐、姜末、红椒段、油、鸡精各适量

操作步骤

①笋切段，氽水待用；五花肉切片；起油锅，爆香蒜末、姜末、红椒段，下五花肉煸炒。
②下生抽调味，炒至八成熟将芦笋加入锅中，与肉炒匀，溜点水，加精盐和鸡精调味，盖上锅盖焖1分钟即可。

操作要领

起锅前加鸡精调味，味道会更加鲜美。

营养贴士

芦笋在国际市场上享有"蔬菜之王"的美称，富含多种氨基酸、蛋白质和维生素，其含量均高于一般水果和菜蔬。

视觉享受：★★★★ 味觉享受：★★★★ 操作难度：★

芦笋炒五花肉

TIME 15分钟

菜品特点
清爽爽口
操作简单

奶油西蓝花

TIME 10分钟

- **主料:** 西蓝花1根
- **配料:** 奶油、牛奶各50克，精盐5克，黄油适量

视觉享受：★★★★
味觉享受：★★★★
操作难度：★★

操作步骤

①西蓝花摘成小朵，用流动的水冲洗干净，再用清水泡30分钟后用沸水焯大概2分钟后捞出，过凉水，沥干。

②锅里放入黄油，融化后，倒入奶油、牛奶煮开；最后倒入西蓝花，翻匀；使每朵西蓝花都包裹上奶油汁，出锅前再加少许精盐调味即可。

操作要领

西蓝花最好用精盐水泡30分钟，这样既可以逼出里面的小虫子，同时还有杀菌的作用。

营养贴士

西蓝花营养丰富，含蛋白质、糖、脂肪、维生素和胡萝卜素，营养成分位居同类蔬菜之首，被誉为"蔬菜皇冠"。

视觉享受：★★★★ 味觉享受：★★★★ 操作难度：★

酸汤鲤鱼

TIME 40 分钟

菜品特点

汤汁浓郁
营养可口

➡ **主料：** 鲤鱼一条

➡ **配料：** 西红柿 1 个，豆芽 50 克，香菜各少许，精盐、葱、姜、胡椒粉、鸡精、酸汤各适量

🔄 操作步骤

①将鲤鱼洗净切成块，豆芽洗净，西红柿洗净切块，葱、姜洗净切成段和片，香菜洗净切段待用。

②坐锅点火放入酸汤，开锅后倒入姜片、西红柿块、豆芽、鲤鱼块、葱段、香菜段、少许精盐、胡椒粉、鸡精炖 10 分钟起锅后撒上香菜段即可。

🔥 操作要领 ◀◀◀

在汤里加西红柿，是为了使汤更加香浓美味。

👉 营养贴士

鲤鱼煮食，可治咳逆上气、黄疸、口渴、通利小便。

➡ **主料：** 泡萝卜条 100 克，腊肉 150 克

➡ **配料：** 青蒜 25 克，油 10 克，豆豉 10 克，辣椒段、精盐、鸡精各 5 克

🔄 操作步骤 ◀●

①腊肉切成薄片后上蒸锅蒸熟，青蒜切丝备用，泡萝卜条控一下水。

②锅中放底油，烧七成热，放入豆豉和辣椒段，爆香锅后，立刻放入腊肉片，略炒至腊肉微微出油。

③倒入泡萝卜条，翻炒 2 分钟，放鸡精、精盐，加入青蒜丝出锅即可。

🔥 操作要领 ◀◀◀

给泡萝卜条控一下水，是为了和腊肉一起炒的时候，腊肉的腊味不流失。

👉 营养贴士

腊肉中磷、钾、钠的含量丰富，还含有脂肪、蛋白质、胆固醇、碳水化合物等元素。

视觉享受：★★★★ 味觉享受：★★★★ 操作难度：★

泡萝卜炒腊肉

TIME 15 分钟

菜品特点

质鲜适中
老少咸宜

肉末酸豆角

TIME 30 分钟

菜品特点
酸辣爽口
肥而不腻

> 🍴 **主料**：酸豆角 150 克，五花肉 75 克
> 👌 **配料**：生粉、精盐各 7 克，老抽、姜、干红辣椒、料酒、食用油、味精各适量

视觉享受：★★★★
味觉享受：★★★★
操作难度：★

🌀 操作步骤

①将酸豆角用淘米水浸泡 10 分钟后，洗净切成小段备用；干红辣椒洗净切段，姜去皮切成姜粒备用。

②五花肉剁成肉末，加入精盐（3 克）、生粉、老抽、料酒，搅拌均匀码味 10 分钟；取炒锅加油置大火上烧热后，下五花肉肉末，煸炒一下；再下姜粒和干红辣椒段，翻炒两下，盛出。

③在热锅中再加入少许食用油，烧热后，倒入酸豆角段，煸炒 1 分钟，放精盐（4 克），加入翻炒过的肉末，加入清水，盖上锅盖，焖 1 分钟，调入味精后，关火出锅撒上葱花即可。

🌙 操作要领

锅中油热后下入肉末，不要立即煸炒，而是用小火略煎，变色后翻面，另一面也煎一下，然后再滑散。

📖 营养贴士

酸豆角所含 B 族维生素能维持正常的消化腺分泌和胃肠道蠕动的功能，抑制胆碱酶活性，可帮助消化，增进食欲。

视觉享受：★★★★ 味觉享受：★★★★ 操作难度：★★

香烤蒜香鸡

TIME 60 分钟

菜品特点
蒜香透入
外酥里嫩

- **主料：** 鸡 1 只
- **配料：** 蜂蜜、蒜茸、生抽、老抽、精盐、姜茸、蕃茄酱、味精各适量

操作步骤

①将适量生抽、老抽、精盐、蜂蜜、蒜茸、姜茸、蕃茄酱、味精调制好，将整鸡里外抹均匀。

②将鸡和调料一起倒入食品袋中，放入冰箱腌 24 小时，中途翻几次身让调料均匀腌到。

③把腌好的鸡取出，抹干净鸡身上的姜茸、蒜茸，擦干水分后穿上烤叉，烤箱调至 200℃，上火转动 1 小时取出，给鸡全身刷上蜂蜜，熄火后焖片刻再取出。

操作要领

擦干水分再烤是为了使肉烤出更焦嫩。

营养贴士

鸡肉可益气、补精、添髓。

- **主料：** 牛蛙 2 只，鸡腿菇 300 克
- **配料：** 红椒 1 个，精盐 5 克，糖 3 克，葱、姜、蒜、火锅底料、料酒、生抽、植物油各适量

操作步骤

①菜品洗净备用；鸡腿菇切滚刀块，牛蛙切块，红椒切片，葱、姜、蒜切末备用。

②锅里坐油，将葱末、姜末、蒜末煸香，放入牛蛙块、鸡腿菇块煸炒。

③倒料酒、生抽、糖、火锅底料煸一会儿，最后放红椒片、精盐即可。

操作要领

可以酌情放入少许火锅底料，口感更香辣。

营养贴士

鸡腿菇具有提高免疫力、通便、安神除烦的功效。

视觉享受：★★★★ 味觉享受：★★★★ 操作难度：★

鸡腿菇烧牛蛙

TIME 20 分钟

菜品特点
主料鲜甘
口感鲜嫩

木耳炒黄瓜

TIME 10分钟

菜品特点
清淡利口
养生佳品

- **主料：**黄瓜2根，水发木耳适量
- **配料：**红椒1个，大蒜2瓣，花椒、精盐、鸡精、生抽、植物油各适量

视觉享受：★★★★
味觉享受：★★★★
操作难度：★

操作步骤

①木耳用沸水焯熟后晾干，手撕成小块待用；黄瓜切块备用，红椒切圈。

②大火热锅后放油，七成热时倒入几颗花椒，干煸出味，花椒微微变色后，转小火铲出，放入蒜瓣煸炒，爆香即可。

③下木耳翻炒大约1分钟左右，开盖，倒入黄瓜翻炒，加生抽调味、润色，再加适量的精盐和鸡精，最后放入切好的红椒圈再翻炒几下，迅速出锅。

操作要领

水发木耳已经提前焯熟了，所以翻炒时间不用太久，1分钟足矣。

营养贴士

黄瓜中含有丰富的维生素E，可起到延年益寿、抗衰老的作用。

视觉享受：★★★★ 味觉享受：★★★★ 操作难度：★★

石锅辣肥肠

TIME 15分钟

菜品特点

干香脆辣
佐酒佳肴

📨 **主料：** 肥肠 500 克

👉 **配料：** 红椒、洋葱各 20 克，色拉油、精盐、味精、姜、蒜、蒜苗各适量，卤水 2000 克

🍳 操作步骤

①大火将水烧沸，肥肠氽水后冲凉洗净，放入卤水中；中火卤制 1 小时后取出，切成 2 厘米长的段；红椒、洋葱、姜、蒜等切片待用，蒜苗洗净切段。

②锅倒油烧至五六成热，放入肥肠略炸上色后，捞出沥油。

③锅放底油，烧至六成热，下红椒片、姜片、蒜片、洋葱片大火煸香，加入精盐、味精、肥肠、蒜苗段，大火翻炒 5 秒钟出锅装入烧热的石锅即成。

🥄 操作要领

清洗猪大肠时，在水中加些食醋和适量明矾，搓揉几遍，再用清水冲洗数次，即可清洗干净。

👉 营养贴士

猪大肠有润燥、补虚、止渴止血的功效。

📨 **主料：** 带皮五花肉 600 克，蒸肉粉 200克

👉 **配料：** 干荷叶 2 张，竹筒 1 个，鲜竹叶 5张，海鲜酱、柱侯酱、生抽、白糖、姜汁酒、香油各适量

🍳 操作步骤

①五花肉切成片，加入各种调料拌匀，腌 15 分钟备用。

②再拌入蒸肉粉，放入垫有竹叶的竹筒内，外面裹上干荷叶，上锅蒸汽加热 1 小时即可。

🥄 操作要领

蒸肉一般选用新鲜的五花肉，口感好，肥而不腻。

👉 营养贴士

猪肉含有丰富的优质蛋白质和必需的脂肪酸，并提供血红素（有机铁）和促进铁吸收的半胱氨酸，能改善缺铁性贫血。

视觉享受：★★★★ 味觉享受：★★★★ 操作难度：★

竹香粉蒸肉

TIME 80分钟

菜品特点

竹香软糯
肥而不腻

豆瓣大头菜

TIME 20分钟

菜品特点
清淡爽口
开胃健脾

主料： 大头菜 250 克

配料： 红辣椒 70 克，大蒜 20 克，辣豆瓣酱 10 克，植物油 10 克，香油 5 克，味精 2 克，醋 2 克，白砂糖、精盐各 3 克

操作步骤

①大蒜、红辣椒、大头菜洗净后切片，大头菜用 3 克精盐抓腌 5 分钟，冲洗干净后沥干水分。

②锅倒植物油烧热，放入辣豆瓣酱，炒香后盛出，待凉备用。

③锅留底油，放入蒜片炒香加入大头菜翻炒，加入香油、醋、味精、白砂糖后翻炒至大头菜断生，入辣椒片翻炒，最后放入辣豆瓣酱翻炒均匀，出锅装盘即可。

视觉享受：★★★★
味觉享受：★★★★
操作难度：★★

操作要领

大头菜一定要快速大火翻炒，以保证脆嫩的口感。

营养贴士

大头菜能利尿除湿，促进机体水、电解质平衡。因其性热，故还可温脾暖胃。

视觉享受：★★★★ 味觉享受：★★★★ 操作难度：★★

榨菜蒸鲈鱼

TIME 20分钟

菜品特点

补肝益脾
清爽酱香

主料： 鲈鱼1条

配料： 榨菜、姜丝、精盐、酱油、植物油各适量

操作步骤

①鲈鱼宰杀干净，鱼身均匀抹上精盐，切成五段，淋上适量酱油，腌1小时左右。

②鲈鱼放蒸锅中蒸10分钟，熄火后继续蒸5分钟；另起锅，倒植物油烧热，加入姜丝和榨菜翻炒。

③倒入蒸鱼蒸出的汁，再调入适量精盐，最后淋在鱼上，撒上榨菜即可。

操作要领 ◀◀◀

鲈鱼一定要处理干净，否则不卫生。

营养贴士

鲈鱼有补肝肾、益脾胃、化痰止咳的功效。

主料： 蚕豆200克，芥菜100克

配料： 红辣椒1个，大蒜3瓣，精盐5克，鸡精3克，肉末少许，食用油适量

操作步骤 ◀◀

①蚕豆倒入开水加精盐焯3分钟，捞出沥水；芥菜、大蒜切末，红辣椒切小段。

②锅倒油烧热，下蒜末和辣椒段爆香，先倒入芥菜和肉末翻炒，再倒入蚕豆翻炒2分钟，出锅前用鸡精调味即可。

操作要领 ◀◀◀

蚕豆用水焯的时候在开水中放入适量的精盐，既可以保持蚕豆的碧绿，还可以使蚕豆更入味。

营养贴士

蚕豆营养丰富，有健脾去湿、通便凉血的功效。

视觉享受：★★★★ 味觉享受：★★★★ 操作难度：★

芥菜炒蚕豆

TIME 10分钟

菜品特点

碧绿诱人
鲜香清脆

瓜盅粉蒸鸡

菜品特点
色泽绛红
瓜香肉嫩

➡ **主料：** 土鸡 1500 克，蒸肉粉 100 克

➡ **配料：** 老南瓜 1 个，白酒汁 15 克，草果 0.5 克，熟猪油 5 克，精盐 15 克，八角粉、茴香籽粉、味精各 3 克，甜酱、酱油、葱白各适量

🌫 操作步骤

①将老南瓜切下带蒂的一头，去尽内瓤，做成瓜盅。

②将土鸡宰杀，煺毛，去头爪、内脏，带骨斩成方块，入瓷盆，再下精盐、酱油、白酒汁、甜酱、味精、葱白、草果、八角粉、茴香籽粉，腌 2～3 小时。

③将腌好的鸡块放入蒸肉粉内，裹上一层蒸肉粉，再加熟猪油拌匀，上笼用旺火蒸熟。

④取出鸡肉，放入南瓜盅内，上笼蒸 15 分钟，取出

趁热上桌。

视觉享受：★★★★
味觉享受：★★★★
操作难度：★★★

🍴 操作要领

蒸米粉鸡块，旺火气足，蒸约 2 小时左右，以酥烂为度；装入南瓜盅内再蒸约 15 分钟即可，时间过长，南瓜盅变形，就不美了。

☞ 营养贴士

鸡肉肉质细嫩、滋味鲜美，有滋补养身的作用。

视觉享受：★★★★ 味觉享受：★★★★ 操作难度：★★

烹鱼条

TIME 20分钟

菜品特点
脆嫩爽口
韧性鲜美

主料： 草鱼肉300克
配料： 西红柿2个，卷心菜1棵，淀粉、蛋清、料酒、精盐、味精、高汤、植物油各适量

操作步骤

①草鱼肉切条，放入盆内，用料酒、精盐、味精腌一小会儿；西红柿切小块，卷心菜撕片。
②碗里放蛋清、淀粉拌匀成面糊，把腌好的草鱼放进面糊内蘸匀后，放入烧热的油锅内稍炸后捞出控油。
③锅内倒入高汤煮沸，放入西红柿、卷心菜，加精盐、味精烹煮至卷心菜断生，加入炸过的鱼条，用汤勺搅拌均匀盖上锅盖煮一会儿即可。

操作要领

把草鱼肉先腌一下再裹面糊是因为裹完面糊以后，鱼肉就不容易入味了。

营养贴士

卷心菜能提高人体免疫力、预防感冒、保障癌症患者的生活质量。

主料： 雪菜200克
配料： 红辣椒20克，豆腐干50克，大葱15克，芡粉5克，红油10克，植物油30克，味精3克，白酱油、香油各2克，白胡椒粉、精盐各1克

操作步骤

①豆腐干、雪菜、辣椒分别洗净切末，葱切段。
②锅倒油烧热，放进葱段、辣椒末小炒一下，倒入红油，再放进雪菜和豆干拌炒，最后加味精、精盐、白酱油、香油、白胡椒粉少许和芡粉炒匀即可。

操作要领

雪菜本身有咸味，烹饪时少放精盐或不放精盐。

营养贴士

豆腐干中含有丰富蛋白质，而且豆腐蛋白属完全蛋白，含有人体必需的8种氨基酸。

视觉享受：★★★★ 味觉享受：★★★★ 操作难度：★

红油豆干雪菜

TIME 10分钟

菜品特点
红油麻辣
豆香可口

胡萝卜烧里脊

TIME 20分钟

菜品特点
鲜香可口
操作简单

主料: 胡萝卜1个,里脊肉300克

配料: 精盐、葱、姜、蒜、料酒、生抽、香醋、淀粉、调和油各适量

视觉享受: ★★★★
味觉享受: ★★★★
操作难度: ★★

操作步骤

①把胡萝卜洗净去皮,切成长条;里脊肉洗净切成和胡萝卜相仿的长条;姜切丝,葱切葱花,蒜切片待用。

②切好的里脊加入料酒拌匀,再加入生抽抓匀,最后加入淀粉抓匀腌5分钟;锅置火上加入调和油,油温八成热时放入姜丝、葱花、蒜片炸香。

③接着放入里脊肉翻炒均匀,当里脊肉变色后,加入胡萝卜翻炒均匀;接着加入香醋翻匀,胡萝卜略变色时,加入适量的精盐翻匀即可。

操作要领

胡萝卜变软即可起锅,不宜久煮,以免营养流失。

营养贴士

胡萝卜有助消化、降血压、强心、抗炎和抗过敏的作用。

视觉享受：★★★★ 味觉享受：★★★★ 操作难度：★

雪菜毛豆炒虾仁

TIME 10分钟

菜品特点
健胃升脾
营养家常

> **主料：** 毛豆 100 克，雪菜 60 克，虾仁 450 克
>
> **配料：** 油、生抽、生粉各适量，红椒粒少许

操作步骤

①雪菜切末；毛豆洗净用清水泡一会儿；虾仁清洗干净。

②锅倒油烧热，放入雪菜和毛豆炒香，放入虾仁一起翻炒，加入红椒粒快速翻炒几下，最后加入适量的生抽加生粉勾薄芡翻炒几下即可。

操作要领

虾仁最好用新鲜的。

营养贴士

毛豆营养丰富均衡，含有有益的活性成分，经常食用对女性保持苗条身材作用显著。

> **主料：** 鲨鱼皮 300 克
>
> **配料：** 生姜、葱白、香菜茎各 10 克，盐、味精各 10 克，清汤 50 克，麻油、蚝油各 5 克，料酒 10 克，花生油 50 克

操作步骤

①鱼皮切成段，生姜切片，葱白切花，香菜茎切丁。

②鱼皮用开水煮透，加入料酒煮 5 分钟，捞起待用。

③烧锅下麻油，放入姜片煸炒，注入清汤、鱼皮、盐、味精、胡椒粉、蚝油，用小火烹至香浓时，撒入香菜丁、葱花即可。

操作要领

鲨鱼皮一定要用开水煮，也可用其他鱼皮代替鲨鱼皮，只是做出来味道不如鲨鱼皮好。

营养贴士

鲨鱼皮味甘、咸，性平，具有滋补的功效。

视觉享受：★★★★ 味觉享受：★★★★ 操作难度：★★

香汁鲨鱼皮

TIME 20分钟

菜品特点
口味独特
润嫩甘爽

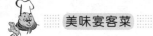

菠萝咕噜肉

TIME 15分钟

菜品特点
酸甜香嫩
果香可口

➡ **主料**: 猪瘦肉 300 克, 菠萝 300 克
➡ **配料**: 胡萝卜 1 根, 白醋 10 克, 番茄酱 20 克, 干淀粉 14 克, 白糖 35 克, 味精 2 克, 料酒 6 克, 胡椒粉 1 克, 鸡蛋 25 克, 食油 100 克, 精盐、葱段、蒜茸各 4 克

视觉享受: ★★★★
味觉享受: ★★★★
操作难度: ★★

 操作步骤

①将猪瘦肉切成厚约 0.7 厘米的厚片, 放入精盐、味精、鸡蛋、生粉、料酒拌匀腌至入味; 将胡萝卜、菠萝切成三角块。

②猪肉片挂鸡蛋, 拍干淀粉; 将白醋、番茄酱、白糖、精盐、胡椒粉调成味汁; 猪肉片入热油锅内炸熟。

③锅中放油, 将葱段、蒜茸爆香, 再放入胡萝卜片与菠萝炒熟, 放入调好的汁勾芡, 再放入炸好的猪肉翻炒即成。

 **操作要领**

勾芡的时候芡粉要少放一点。

📖 **营养贴士**

菠萝性平、味甘, 具有清暑解渴、消食止泻、补脾胃、固元气、益气血、消食、祛湿、养颜瘦身等功效。

视觉享受：★★★★ 味觉享受：★★★★ 操作难度：★★

干烧鲅鱼

TIME 15分钟

菜品特点

焦香绵软
鱼鲜浓郁

➡ 主料： 鲅鱼2条

➡ 配料： 火腿100克，大葱1棵，姜3片，八角1个、五香粉、白糖、生抽、老抽、花椒、香叶、桂皮、精盐、油各适量

🍴 操作步骤

①鲅鱼洗干净后，去头切段，用刀在鱼肉上划几道口；火腿切成1厘米见方的小块；大葱切小段，姜切成丝；将八角、花椒、香叶、桂皮装入网袋中制成调料包备用。

②鲅鱼段用葱段、姜丝、适量生抽、精盐和五香粉腌渍3小时以上；腌渍好的鲅鱼沥干水分，下锅炸至肉发紧捞出控油。

③另起锅，锅中放水，水开后放入准备好的调料包，大火煮3分钟；再放入生抽、老抽、白糖和精盐各适量，大火烧开；放入火腿和炸好的鲅鱼块，改中小火慢慢煨制，收干汤汁即可。

🎵 操作要领 ◀◀◀

在鱼肉上划几道口，是为了更入味。

👉 营养贴士

鲅鱼有止咳、平喘、补气的功效。

➡ 主料： 娃娃菜300克，腊肉150克

➡ 配料： 精盐、葱花各适量

🍴 操作步骤

①腊肉洗净入沸水中煮2分钟，捞起沥干，切成薄片。

②娃娃菜洗净，对半切开，再横切成长条，切好后铺在蒸盘上，均匀地撒点精盐。

③铺好后，将腊肉片摊在最上面，上笼蒸15分钟，撒上葱花即可。

🎵 操作要领 ◀◀◀

喜欢吃蒜的，可以在上面撒些蒜末，这样蒸出来会比较香。

👉 营养贴士

娃娃菜有养胃生津、除烦解渴、利尿通便、清热解毒的功效。

视觉享受：★★★★ 味觉享受：★★★★ 操作难度：★

腊味蒸娃娃菜

TIME 20分钟

菜品特点

清香四溢
腊味十足

TIME 30 分钟

菜品特点
海带酥香
肉质软烂

海带炖肉

● 主料：五花肉 400 克，干海带 600 克
● 配料：酱油 100 克，料酒 5 克，精盐 4 克，白糖 7 克，八角 2 个，葱 15 克，姜片 7 克，香油 8 克，板栗肉适量

视觉享受：★★★★
味觉享受：★★★★
操作难度：★★

操作步骤

①将五花肉洗净，切成大小适中的块；葱择洗干净，一半切葱段，一半切葱花；干海带泡发后洗净，用开水煮 10 分钟，切成小块。

②将香油放入锅内，下入白糖炒成糖色；投入肉块、八角、葱段、姜片煸炒；肉面上色后加入酱油、精盐、料酒，略炒后加入适量水。

③大火烧开，转微火炖至八成烂；投入海带、板栗肉，再炖 10 分钟，撒上葱花即可。

操作要领

干海带表面有层白霜，用盐水清洗几遍就没有了。

营养贴士

海带富含碘、钙、磷、铁，能促进骨骼、牙齿生长，是儿童良好的食疗保健食物。

视觉享受：★★★★ 味觉享受：★★★★ 操作难度：★★

砂锅羊肉

TIME 40分钟

菜品特点
滋补营养
品质健康

⊙ **主料：** 羊肉400克，平菇300克

⊙ **配料：** 葱花5克，青蒜2根，精盐、酱油、胡椒粉、白糖、红油各适量

🥄 操作步骤

①羊肉洗净后剁成小块焯水，撇去浮沫，捞出备用；平菇洗净撕开备用，青蒜叶切斜段。
②将羊肉和平菇加入所有调料一起放在砂锅里炖30分钟，待羊肉酥烂之后撒上青蒜叶、葱花即可。

🍳 操作要领 ◀◀◀

锅里可以放一些萝卜块一起炖，以去除羊肉的膻气，使汤汁更加清甜好喝。

👉 营养贴士

羊肉具有温补作用，最宜在冬天食用。

⊙ **主料：** 虾皮适量，白萝卜200克

⊙ **配料：** 黄瓜1根，粉条50克，高汤150克，葱末10克，蒜末、精盐、鸡粉、糖、色拉油、胡椒粉各适量

🥄 操作步骤 ◀

①白萝卜洗净去皮后切丝；黄瓜洗净切丝，粉丝焯软。
②热锅加入色拉油，将蒜末、虾皮爆香后捞出备用，锅中留底油，加入萝卜丝炒2分钟后，倒入高汤；并盖上锅盖焖煮约10分钟后，打开锅盖加入蒜末、虾皮、黄瓜丝、粉条、鸡粉、精盐、糖、胡椒粉、葱末拌炒至汤汁略收即可。

🍳 操作要领 ◀◀◀

虾皮不要爆炒很久，免得被锅铲碾碎。

👉 营养贴士

虾皮中含有丰富的蛋白质和矿物质，尤其是钙的含量极为丰富，有"钙库"之称，是缺钙者补钙的最佳途径。

视觉享受：★★★★ 味觉享受：★★★★ 操作难度：★

虾皮炒萝卜丝

TIME 15分钟

菜品特点
清淡家常
甘甜爽脆

芥蓝烧鸡腿菇

菜品特点
色泽清雅
口感纯正

➡ **主料:** 芥蓝 400 克，鸡腿菇 350 克
➡ **配料:** 植物油 20 克，葱花、姜丝、精盐、鸡精、白糖、淀粉各适量

视觉享受：★★★★
味觉享受：★★★★
操作难度：★★

 操作步骤

①将芥蓝洗涤整理干净，切成长条，下入加有少许油的开水中焯烫一下，捞出冲凉，沥干水分；鸡腿菇摘洗干净，切成片，下入开水中焯烫下，捞出备用。

②坐锅点火，加油烧热，先放入葱花、姜丝炒香，再放入芥蓝、鸡腿菇、精盐、白糖、鸡精翻炒均匀，

用淀粉勾芡，淋入明油，即可装盘。

操作要领

焯芥蓝的时候在水中放些油，可使芥蓝更油润青绿。

🍴 **营养贴士**

芥蓝有润肠去热气、下虚火、止牙龈出血的功效。

腊肉豆腐小油菜

视觉享受：★★★★　味觉享受：★★★★　操作难度：★

TIME 20分钟

菜品特点
腊香浓郁
营养丰富

➡ 主料： 腊肉 200 克，豆腐 1 块，小油菜 200 克

➡ 配料： 青蒜 1 棵，豆豉、生抽、糖、料酒、老干妈、植物油各适量

操作步骤

①腊肉上锅蒸一下，水开后 10 分钟即可，然后切片待用；豆腐切片待用；青蒜切段待用。

②锅里放油，加 1 勺豆豉，小火炒出红油；放入腊肉片，变色煸出油后，放入豆腐和小油菜，翻炒均匀。

③加生抽、料酒、糖，翻炒均匀，出锅前放入青蒜段，快炒几下，即可出锅。

操作要领

腊肉煸出的油是很香的，所以不要额外放很多油。

营养贴士

豆腐高营养、高无机盐、低脂肪、低热量，其丰富的蛋白质有利于增强体质和增加饱腹感，宜素食者和单纯性肥胖者食用。

➡ 主料： 猪蹄 2 个

➡ 配料： 酱油 50 克，姜片 8 克，八角 3 个，花椒 3 克，干辣椒 10 个，料酒 10 克，葱段 2 棵，草果 2 个，香叶 4 片

操作步骤

①将猪蹄一切为二，清洗干净，入锅中焯水。

②将焯过水的猪蹄装入炖锅中，加入大半锅水，加入料酒、酱油、葱段、姜片、花椒、干辣椒、八角、香叶、草果，大火烧开，转小火炖 2 小时。

③将猪蹄捞出放入碗中即可。

操作要领

炖猪蹄的时候，要经常用铲子翻动，防止粘锅。

营养贴士

猪蹄中脂肪含量较高，慢性肝炎、胆囊炎、胆结石等患者最好不要食用。

卤猪蹄

视觉享受：★★★★　味觉享受：★★★★　操作难度：★

TIME 2小时

菜品特点
油润红亮
香烂绵软

莴笋凤凰片

TIME：30分钟

菜品特点
色泽碧绿
口感极佳

- **主料：** 鸡肉300克，莴笋150克
- **配料：** 植物油50克，精盐、白糖、料酒、淀粉各适量

视觉享受：★★★★
味觉享受：★★★★
操作难度：★★

操作步骤

①将鸡肉洗净片成大片，加入淀粉拌匀上浆；莴笋去皮、洗净，切菱形片，用沸水烫一下，捞出备用。

②锅中加入植物油烧热，下入鸡片滑散，捞出沥油待用。

③锅中放入底油烧热，放入鸡片、莴笋片翻炒片刻，然后加入精盐、白糖、料酒拌炒均匀，最后用淀粉勾芡，出锅盛盘即可。

操作要领

鸡肉在油锅里稍滑一下即可，不要太久，以免肉质过老。

营养贴士

莴笋含有少量的碘元素，它对人的基础代谢、心智和体格发育甚至情绪调节都有重大影响。

视觉享受：★★★★ 味觉享受：★★★★ 操作难度：★★

脆芹炒猪肚

TIME 10分钟

菜品特点
老少皆宜 欢迎食用

> **主料：** 芹菜 100 克，猪肚 200 克
> **配料：** 红椒 1 个，糖、精盐各 2 克，鸡精 1 克，植物油、蒜末、葱段、姜片各适量

操作步骤

①猪肚冷水下锅，放入葱段、姜片，焯过后捞出，对半切开，用刀去掉里面的油切成片。

②将猪肚下锅，放入葱段、姜片、蒜末，高压锅水开后 15 分钟取出；芹菜 1 根从中间切两半后切段，红椒切块。

③锅倒油烧热，下入猪肚；再下入芹菜、红椒块，加入糖、精盐一起翻炒至熟，撒入鸡精调味，淋明油即可。

操作要领

猪肚先用淀粉清洗，再用精盐清洗里外，这一步多洗两遍。

营养贴士

猪肚含有蛋白质、脂肪、碳水化合物、维生素及钙、磷、铁等，具有补虚损、健脾胃的功效。

> **主料：** 花蟹 300 克
> **配料：** 精盐 5 克，青杭椒、葱段、姜末、酱油、料酒、菜油各适量

操作步骤

①花蟹清洗干净，去掉背面的蟹脐，掀开盖子，把腮也去掉，切成两半。

②坐锅，放菜油，放入葱段、姜末、青杭椒、（切段）爆香，倒入切好的花蟹，翻炒至变色，然后加入酱油、料酒翻炒，把火关小收汁即可。

操作要领

蟹的腮很脏，一定要取出并清洗干净。

营养贴士

花蟹有养筋益气、理胃消食、散诸热、通经络、解结散血的功效。

视觉享受：★★★★ 味觉享受：★★★★ 操作难度：★★

妙炒花蟹

TIME 10分钟

菜品特点
香辣可口 回味悠长

TIME 30 分钟

菜品特点
鱼头滑嫩
香咸味美

砂锅鱼头

● **主料：** 胖头鱼头 1 只（1000 克左右）

● **配料：** 红尖椒 1 个，麻油 5 克，菜油 25 克，蒜末、葱（白）花、葱（白）丝、姜末各 25 克，酱油 35 克，精盐 2.5 克，料酒 15 克，白糖 10 克，味精少许

视觉享受：★★★★
味觉享受：★★★★
操作难度：★★

操作步骤

①鱼头洗净，用酱油腌渍入味；红尖椒切段。

②取锅放菜油烧至八成热时，将鱼头下锅煎，两面均煎成金黄色时，放入料酒。

③将煎好的鱼头放入砂锅中，加 500 克冷水，及酱油、白糖、精盐、葱花、蒜末、姜末、红尖椒，用大火烤沸后转为小火煮至鱼头熟透，食前加入麻油、味

精调味，放上葱丝即可。

操作要领

鱼头要提前腌入味，煨时要用中火。

营养贴士

鲢鱼头，除了含蛋白质、脂肪、钙、磷、铁之外，还含丰富的不饱和脂肪酸，对脑的发育尤为重要。

视觉享受：★★★★ 味觉享受：★★★★ 操作难度：★★★

葱姜蒸鱼尾

TIME 30分钟

菜品特点
肉嫩鲜美
营养丰富

➡ **主料**：鱼尾 1 个

➡ **配料**：水发香菇若干，红辣椒 1 个，松子 50 克，葱、姜、蒜、料酒、精盐、生抽、味精、植物油各适量

🥢 操作步骤

①将鱼尾洗净滤干水，抹上适量食盐，将少许姜切片，放置于鱼身上下；水发香菇、红辣椒、葱、剩余的姜切丝，蒜切末。

②往锅中放入清水，烧开，然后将鱼尾放入锅中，清蒸 10～15 分钟取出放在盘里，倒掉有腥味的汤汁。

③锅烧热倒油，放入姜、蒜爆香，然后放入红辣椒、香菇、松子翻炒，倒入适量清水，放料酒、生抽，烧热后放点盐、味精调味。

④将锅中鲜美的酱汁，倒在鱼尾上，让它和嫩滑的鱼肉融合。

🔥 操作要领

在鱼身上下放一些姜片是为了去腥味。

👉 营养贴士

松子含脂肪、蛋白质、碳水化合物等，久食可健身心，有滋润皮肤、延年益寿的功效。

➡ **主料**：羊里脊 700 克

➡ **配料**：香菜 40 克，鸡蛋清、花生油、辣椒酱、料酒、精盐、味精、醋、花椒粉、大葱、姜、大蒜、香油、白糖、淀粉（豌豆）各适量

🥢 操作步骤

①将羊里脊肉切成块，用刀拍一下，再用刀背捶松，放入料酒和适量的精盐腌上；碗里放鸡蛋清、湿淀粉调成浆，把羊里脊肉放进碗里滚一下。

②葱切成花，姜切成米，蒜拍破剁成米；香菜择洗干净；用汤、味精、白糖、精盐、醋、辣椒酱、湿淀粉、香油兑成汁。

③锅内放入油烧到七成热，将羊里脊肉下入油锅炸一下捞出，待油锅水分烧干后，再下入羊里脊重炸至香酥透，倒入漏勺沥油。

④锅留底油，下入姜米、蒜米、花椒粉炒出麻香味，倒入炸酥的羊里脊片和兑汁，翻颠几下，装入盘内，周围拼香菜即成。

🔥 操作要领

湿淀粉中淀粉和水的比例为 1∶1。

👉 营养贴士

羊肉具有补肾壮阳、补虚温中的作用。

视觉享受：★★★★ 味觉享受：★★★★ 操作难度：★★

九味烹羊里脊

TIME 60分钟

菜品特点
口味独特
营养爽口

葱烧子兔

TIME 10分钟

菜品特点
美味可口
操作简单

➡️ **主料：** 兔肉 500 克

🌶️ **配料：** 大葱、老姜、大蒜、盐、料酒、胡椒粉、鲜汤、味精、鸡精、水淀粉、精炼油各适量

视觉享受：★★★★
味觉享受：★★★★
操作难度：★

🍳 操作步骤

①将兔肉清洗干净，切成块，放入碗中，加盐、料酒、胡椒粉和洗净拍碎的姜、葱和匀；大葱洗净，取其葱白，切成葱段；老姜洗净，切成姜片；大蒜去皮洗净，切成蒜片。

②锅倒油烧热，放入兔肉煸炒至断生，盛出。

③锅留底油，烧至四成热，放入葱段、姜片、蒜片炒香，掺入适量鲜汤，下兔肉、盐、料酒、胡椒粉，烧入味，用水淀粉勾芡，汁收油亮时，放入味精、

鸡精和匀，起锅盛入盘中即成。

操作要领

将兔肉先用调料拌一下，做的时候更容易入味。

营养贴士

兔肉有"荤中之素"的说法，兔肉富含维生素和卵磷脂，同时还含有丰富的钙和矿物质。

视觉享受：★★★★　味觉享受：★★★★　操作难度：★★★

炒鸡块

TIME 35 分钟

菜品特点
色彩鲜明
肉质紧肩

➡ **主料：** 鸡脯肉 500 克

👉 **配料：** 丝瓜 1 根，红椒 1 个，洋葱半个，葱末、姜末、老干妈、生抽、盐、味精、植物油各适量

🔄 操作步骤

①鸡脯肉切小块；红椒、洋葱切丝；丝瓜去皮切条，放入沸水中加盐焯熟捞出摆在盘底。

②锅内倒油，下葱、姜爆香，倒入鸡块，并加适量的醋和料酒，不停的煸炒，将鸡肉的血水炒出来，鸡肉不会有腥味，直到鸡肉变色发干。

③加适量盐、生抽，再小炒一会儿，使之入味，加红椒丝、洋葱丝翻炒至熟，起锅放在丝瓜上即可。

🌊 操作要领 ◀◀◀

不喜欢吃鸡皮的，可以提前把鸡皮去掉。

👉 营养贴士

中医认为，鸡肉有温中益气、补虚填精、健脾胃、活血脉、强筋骨的功效。

➡ **主料：** 牛蛙 2 只

👉 **配料：** 青蒜少许，红辣椒 1 个，香菇若干，娃娃菜 1 根，豆瓣酱、十三香、干辣椒、花椒、葱段、姜片、蒜末、黄酒、啤酒、盐、味精、糖、油、老抽各适量

🔄 操作步骤

①牛蛙洗净切块，红辣椒、香菇切丁，娃娃菜切碎，蒜苗切段。

②起油锅，待油开后下葱段、姜片、蒜末、花椒、干辣椒爆香后；放入牛蛙翻炒，淋上黄酒及少许老抽，放入红辣椒、香菇、娃娃菜，继续翻炒出香味。

③加入适量豆瓣酱，撒上十三香继续翻炒，倒入两杯啤酒，大火收汁。

④放精盐、味精、糖调味，出锅，并放上青蒜段。

⑤另起油锅，放半杯油烧开，浇在刚刚装盆的牛蛙上即可上桌。

🌊 操作要领 ◀◀◀

翻动不要太勤，牛蛙肉质柔嫩，翻动过频会散。

👉 营养贴士

蛙可使人气血旺盛、精力充沛，有养心安神补气的功效。

视觉享受：★★★★　味觉享受：★★★★　操作难度：★

口水牛蛙

TIME 20 分钟

菜品特点
麻辣鲜香
口味独特

扣碗酥肉

TIME 60 分钟

菜品特点
口感丰富
营养美味

> **主料：** 猪肉 400 克
> **配料：** 淀粉 30 克，鸡蛋 2 个，老抽、料酒各 15 克，大葱 1 段，姜数片，大蒜 3 瓣，精盐 5 克，香菜、泡发木耳、花椒、枸杞、植物油各适量

视觉享受 ★★★★
味觉享受 ★★★★
操作难度 ★★

操作步骤

①将猪肉切长条；葱切段，姜、蒜切片；将淀粉、鸡蛋加水搅成面糊，将肉条放进面糊里滚一圈。

②中火把油烧热了，放入猪肉，中火炸至金黄色；锅中会有少许底油，放入葱段、姜片、蒜片、花椒爆香；随后放入木耳和枸杞，倒适量的水、精盐、料酒、老抽。

③将炒好的木耳和肉混合，放入蒸锅蒸 45 分钟；出锅后撒上香菜即可。

操作要领

猪肉要选用猪里脊。

营养贴士

里脊味甘咸性平，入脾、胃、肾经，有补肾养血、滋阴润燥之功效。

78

视觉享受：★★★★ 味觉享受：★★★★ 操作难度：★

双鲜烩

TIME 40分钟

菜品特点
汤汁鲜美
润而不腻

- **主料：** 鸡翅500克，丝瓜1根，香菇200克
- **配料：** 黄芪、茯苓、蒜、姜、盐、味精、酱油、植物油各适量

操作步骤

①丝瓜去皮切片，香菇、姜、蒜切片，将鸡翅洗净切块，放进煲内，加入黄芪、茯苓、姜片煮20分钟后，取出备用。

②锅倒油烧热，先炒香蒜片；再放入丝瓜片拌炒一下后，加水盖上锅盖略微焖烧；再加入柴鱼、丝瓜、香菇、鸡块，放入酱油、盐、味精，焖煮至熟即可。

操作要领

鸡肉加入适量中药烹饪，更加营养健康，而且带有独特药香。

营养贴士

丝瓜有利尿、活血、通经、解毒的功效。

- **主料：** 牛百叶300克、酸笋100克
- **配料：** 精盐、白糖各5克，生抽、蚝油各5克，米酒10克，蒜瓣5克，姜1块，油15克，水淀粉、香菜段适量

操作步骤

①把牛百叶切丝，加入少量精盐反复搓洗干净后放到碗中，加入适量清水，往清水中滴几滴高度米酒，浸泡30分钟。

②将酸笋切成片状，蒜瓣、姜剁碎，锅烧热，倒油，然后把酸笋，蒜茸、姜末等下锅炒香；倒入沥干的牛百叶，保持大火快速翻炒。

③碗中放精盐、生抽、蚝油、白糖调匀，加入少许水淀粉调成一碗芡汁，倒入锅中让牛百叶上味。最后大火收汁，出锅后撒上香菜段即可。

操作要领

调酱味汁时可以加一点点水淀粉，这样可以让汤汁收得更好而且保持住温度让牛百叶更容易熟透，口感更好。

营养贴士

牛百叶具有补益脾胃、补气养血、补虚益精、消渴风眩的功效。

视觉享受：★★★★ 味觉享受：★★★★ 操作难度：★★

笋炒百叶

TIME 20分钟

菜品特点
鲜香适口
酸菜可口

TIME 15分钟

菜品特点
色泽红润
酱香筋道

大葱烧蹄筋

▶ **主料:** 熟牛蹄筋 500 克

◀ **配料:** 大葱 3 棵,老抽、糖、精盐、鸡精、料酒、植物油各适量

视觉享受: ★★★★
味觉享受: ★★★★
操作难度: ★★

 **操作步骤**

①将熟牛蹄筋切成大块;葱切滚刀块。

②锅内放油烧至八成热,倒入葱翻炒至出香味,加入蹄筋翻炒。

③加入适量老抽、糖、精盐、料酒,翻炒至颜色均匀,大火收汁,撒鸡精起锅装盘。

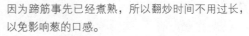 **操作要领**

因为蹄筋事先已经煮熟,所以翻炒时间不用过长,以免影响葱的口感。

营养贴士

蹄筋味甘、性温,入脾、肾经,有益气补虚、温中暖中的作用。

视觉享受：★★★★ 味觉享受：★★★★ 操作难度：★★

锅鳎鱼盒

TIME 45分钟

菜品特点
造型独特
美味可口

主料： 偏口鱼肉 200 克

配料： 猪肉泥 100 克，葱姜末 8 克，干淀粉 30 克，鸡蛋黄 3 个，清汤 75 克，红椒丁、绍酒、精盐、香菜段、芝麻油、花生油各适量

操作步骤

①猪肉泥加精盐、芝麻油搅成馅；偏口鱼肉洗净，片成片；在两片鱼肉片中间夹上肉馅，制成盒形；鸡蛋黄加干淀粉搅匀成蛋黄糊，备用。

②炒锅内倒入花生油，中火上烧至五成热时，将鱼盒沾匀蛋黄糊下锅，煎至两面呈金黄色时，倒出控油。

③炒锅加花生油中火烧至五、六成热时，用葱姜末爆锅，加入绍酒一烹，再加入清汤、少许精盐，将鱼盒倒入锅内以旺火烧开，再用小火煨至嫩熟，汁稠浓将尽时，撒上香菜段、红椒丁，淋上芝麻油，推入盘内即成。

操作要领

切鱼片时厚度也要掌握好，不可太厚。

营养贴士

偏口鱼肉质细嫩，味道鲜美，且小刺少，尤其适宜老年人和儿童食用。

主料： 灰菜 200 克

配料： 鸡蛋黄 50 克，湿淀粉（蚕豆）3 克，小麦面粉 10 克，熟猪油（炼制）50 克，葱丝、姜丝各 2 克，精盐、料酒、味精各 5 克

操作步骤

①将灰菜洗净，切成 4.5 厘米的段，放盘中加精盐、料酒、味精搅匀稍腌；鸡蛋黄、湿淀粉搅成蛋黄糊，料酒、精盐、味精兑成清汁，待用。

②将灰菜沾上面粉，放入蛋黄糊里抓匀，分两排整齐地排在盘子里，余糊倒在上面。

③炒锅放旺火上，加熟猪油烧至四成热，将灰菜整齐地推入锅内，煎至"挺身"时，把油控出，大翻锅，继续加油煎至两面金黄，放入葱丝、姜丝，倒入兑汁，用大盘盖住，微火焖至汁将尽，翻扣在盘子里即成。

操作要领

煎制前要滑锅，即将洗净的炒锅放在旺火上烧热，随即加油，反复几次，锅底滑了，不易粘底。

营养贴士

灰菜性平味甘。有清热、利湿、降压、止痛、杀虫、止泻之功效。

视觉享受：★★★★ 味觉享受：★★★★ 操作难度：★★

锅塌灰菜

TIME 15分钟

菜品特点
口味独特
造型别致

干锅菜花

TIME 15分钟

菜品特点
荤素适宜
家常美味

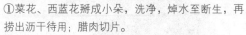
主料：菜花、西蓝花各1棵，腊肉150克
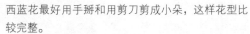
配料：姜2片，食用油、豆瓣酱、老抽、盐各适量

视觉享受 ★★★★
味觉享受 ★★★★
操作难度 ★★

操作步骤

①菜花、西蓝花掰成小朵，洗净，焯水至断生，再捞出沥干待用；腊肉切片。
②锅内放油烧热，下姜片、腊肉煸香，下菜花、西蓝花翻炒。
③加入豆瓣酱、老抽、盐调味，翻炒到菜花上色，略加一点点水让菜花烧到入味。
④转入干锅中，边加热边吃即可。

操作要领

西蓝花最好用手掰和用剪刀剪成小朵，这样花型比较完整。

营养贴士

菜花含有抗氧化防癌症的微量元素，长期食用可以减少乳腺癌、直肠癌及胃癌等癌症的发病几率。

视觉享受：★★★★ 味觉享受：★★★★ 操作难度：★★

金针烧猪皮

TIME 20分钟

菜品特点

纹精爽口
汤汁鲜浓

- 🠖 **主料：** 金针菇、猪皮各适量
- 🠖 **配料：** 青椒、红椒各1个、姜末、蒜末、葱段、生抽、盐、植物油各适量

🔄 操作步骤

①金针菇处理干净，放开水锅里焯一下；猪皮切丝；青椒、红椒洗净切丝。

②热锅热油，放入姜末、蒜末爆香，加入猪皮翻炒至断生，放入青、红椒丝翻炒，加入适量生抽、盐及少许水烧开。

③加入焯熟的金针菇，盖盖烧一会儿，加入葱段即可。

🔥 操作要领

金针菇一定要熟透了才能吃，所以提前焯熟比较好。

☞ 营养贴士

猪皮味甘、性凉，有滋阴补虚、清热利咽的功效。

- 🠖 **主料：** 鳝鱼400克
- 🠖 **配料：** 鲜红辣椒150克，姜丝约10克，蒜薹段20克，蒜末10克，高汤10克，料酒8克，胡椒少许，糖、精盐、食用油各适量

🔄 操作步骤

①鳝鱼开膛去掉内脏，清洗干净，切成小段，用精盐、料酒腌约5分钟；鲜红辣椒切丝。

②锅倒油烧热，先把鳝鱼用温油滑一次，捞出；再起锅注油，将姜丝、蒜末置入锅中，煸出香味后，投入鲜红辣椒丝炒至五成熟，这时再加入刚才滑出的鳝鱼段，加入蒜薹段，接着加入料酒、胡椒、糖、精盐、高汤，爆炒2分钟，即可出锅上碟。

🔥 操作要领

鳝鱼爆炒时要注意控制时间。

☞ 营养贴士

鳝鱼具有补气养血、温阳健脾、滋补肝肾、祛风通络的功效。

视觉享受：★★★★ 味觉享受：★★★★ 操作难度：★★

红椒炒鳝段

TIME 30分钟

菜品特点

红绿相间
鲜香醇厚

蒜子烧鳝段

TIME 30 分钟

菜品特点
蒜香浓郁
口感鲜美

▶ **主料:** 去骨鳝鱼片 400 克

▶ **配料:** 大蒜 1 头，干红辣椒若干，酱油、料酒、精盐、胡椒粉、鸡粉、植物油各适量，葱、姜各 20 克，蒜苗适量

视觉享受：★★★★
味觉享受：★★★★
操作难度：★★

操作步骤

①鳝鱼切成 3 公分左右的段；干红辣椒切段；大蒜剥皮；葱、姜切片；蒜苗洗净，择去黄叶，沸水焯熟后摆在盘底。

②锅中放植物油烧热，下入鳝鱼段、干红辣椒段、大蒜、葱片、姜片煸炒，待其水分将干，发出"啪啪"的响声时，烹入料酒、酱油，加水、精盐、胡椒粉、鸡粉烧开。

③用小火慢烧，待鳝鱼烧软，把汁收稠，出锅放在摆有蒜苗的盘子里即可。

操作要领

鳝鱼宜现杀现烹，死后的鳝鱼体内的组氨酸会转变为有毒物质，不宜食用。

营养贴士

大蒜有温中健胃、消食理气的功效。

视觉享受：★★★★　味觉享受：★★★★　操作难度：★★

窝头口味羊肉

TIME 30分钟

菜品特点
口感丰富
营养全面

主料： 羊肉 500 克
配料： 青椒、红椒、芹菜各 50 克，豆豉 20 克，酱油、葱、姜、大料、桂皮、窝头、料酒、花椒、精盐、植物油各适量

操作步骤

①将羊肉洗净，漂净血水，切块，放入沸水中氽一下，捞出洗净；葱、姜洗净分别切段、拍松；青椒、红椒分别切段，芹菜切小段。
②冷锅加植物油，油热后加入豆豉，翻炒后放羊肉、青椒段、红椒段、芹菜段爆香，然后加入酱油、精盐、料酒、大料、桂皮、姜片、葱段、花椒，烧至收汁后盛出即可。

操作要领

做这道菜的时候最好选用肥瘦相间的羊肉，也可以用羊腩来做。

营养贴士

羊肉味甘、性温，能补血益气、温中暖肾。

主料： 鹌鹑 1 只
配料： 竹笋 50 克，水发香菇若干，葱花少许，植物油、姜片、白糖、精盐、鸡精、料酒、老抽各适量

操作步骤

①将鹌鹑清洗干净，对半切开，放入锅中，放清水，煮开后，撇净血沫，将鹌鹑捞出剁成小块；竹笋切小段；香菇切厚片。
②炒锅放油、白糖各适量，小火熬糖色。
③倒入鹌鹑块，翻炒几下，倒入少许料酒和老抽，加入竹笋段，再倒入将要没过鹌鹑的温水，盖上锅盖中火炖 20 分钟左右。
④放入精盐、鸡精，大火收汁，待汤汁变稠撒上葱花即可出锅。

操作要领

熬糖时，要用铲子不断搅拌以免熬糊了。

营养贴士

鹌鹑肉质鲜美，含脂肪少，食而不腻，素有"动物人参"之称。

视觉享受：★★★★　味觉享受：★★★★　操作难度：★★

红烧鹌鹑

TIME 30分钟

菜品特点
柑香甘荤
久食不腻

甜辣茄花

TIME 30分钟

菜品特点
做法独特
美味可口

➤ **主料：** 嫩茄子400克

➤ **配料：** 色拉油750克，淀粉10克，泡椒5克，醋、料酒各5克，酱油8克，精盐、味精各4克，白糖10克，红油10克，葱、姜、蒜各3克，香菜段、蛋清各少许

视觉享受：★★★★
味觉享受：★★★★
操作难度：★★

操作步骤

①茄子去蒂洗净去皮，切成两半，剞十字花刀，再改成5厘米的段；葱、姜切丝，蒜切片；碗内放酱油、精盐、白糖、醋、料酒、味精、湿淀粉、少许汤兑成汁；蛋清、淀粉、水调成面糊。

②锅内放色拉油烧七八成热，将茄花放到面糊里滚一圈后，放入油锅中，炸至金黄色捞出沥油，装盘；锅内留少许底油，烧热，放葱丝、姜丝、蒜片炝锅，

倒入兑好的汁，炒熟成流芡，加红油、泡椒，烧淋在茄花上，出锅撒上香菜段即可。

操作要领

炸茄花时要用热油。

营养贴士

茄子有降低高血脂、高血压的功效。

视觉享受：★★★★ 味觉享受：★★★★ 操作难度：★★

纸锅浓汤鱼

TIME 20分钟

菜品特点
鱼鲜汤白
营养鲜香

主料： 鲢鱼1条

配料： 高汤1000克，葱花、姜末、四特酒、红椒末、蒜白段、花生油各20克，精盐10克

操作步骤

①将鲢鱼宰杀洗净，去内脏，在鱼身上打上十字花刀切片。

②锅内放入油，烧至七成热时，将鱼入锅中小火略煎，煎至鱼两面金黄出香时，放入高汤、葱花、姜末、精盐、四特酒、红椒末大火烧开，改小火，慢炖至鱼汤洁白浓厚时，下入蒜白段，起锅装入纸锅中即可。

操作要领

鲢鱼在牛奶中泡一会儿既可除腥，又能增加鲜味。

营养贴士

鲢鱼味甘、性温。具有温中益气的功能。

主料： 北豆腐、金针菇、五花肉、鲜虾、韩式泡菜各适量

配料： 胡萝卜、姜茸、蒜茸、莴笋、精盐、鸡精、韩式辣酱、高汤、植物油各适量

操作步骤

①五花肉切片，豆腐切块，金针菇洗净撒条，莴笋去皮切条，虾洗净去虾线。

②锅内下植物油烧热，放姜茸、蒜茸爆香，把五花肉片放入炒至金黄色，放入韩式辣酱炒出红油，然后将炒好的五花肉和韩式泡菜放入一小锅内。

③把其他材料摆在上面，再放入高汤，放入精盐使其增加一点咸味，盖上盖煮至开后，再转小火煮10分钟，最后放入少量鸡精即可。

操作要领

记得不要放太多盐，因为泡菜煮出来会很咸，炒肉时放的辣酱也有咸味。

营养贴士

肥胖、血脂较高者应少食五花肉。

视觉享受：★★★★ 味觉享受：★★★★ 操作难度：★★

韩国泡菜锅

TIME 20分钟

菜品特点
色绿菜鲜
开胃提神

脆椒乌骨鸡

TIME 60分钟

菜品特点
补虚养身
滋阴调理

> 🥄 **主料:** 乌骨鸡 500 克

> 🥘 **配料:** 鲜小红辣椒 200 克,姜、大葱各 50 克,料酒 15 克,味精 2 克,香油 5 克,花椒、精盐各 5 克,泡菜水适量

视觉享受: ★★★★
味觉享受: ★★★★
操作难度: ★★

🍳 操作步骤

①姜洗净,用刀拍破;大葱洗净,挽成结;乌骨鸡洗净,用清水漂去血水,然后放入锅中,加入清水,加姜、葱结、料酒,煮至刚熟时捞出。

②鲜小红辣椒去蒂洗净,放入沸水中氽一下捞出,入冷开水中投凉,捞出切成小段,然后放入碗中,加泡菜水浸泡 15 分钟即成脆椒。

③花椒剁细和汁水一起放入盆中,加精盐、味精、泡菜水,然后放入乌骨鸡浸泡入味,捞出装盘,把脆椒盖在上面,淋上香油,上桌即成。

❤ 操作要领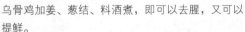

乌骨鸡加姜、葱结、料酒煮,即可以去腥,又可以提鲜。

👉 营养贴士

乌骨鸡性平,味甘。具有滋阴清热、补肝益肾、健脾止泻等作用。

视觉享受：★★★★　味觉享受：★★★★　操作难度：★

老汤铁锅炖鱼头

TIME 30 分钟

菜品特点

汤汁进泉
入口浓鲜

主料： 鲢鱼头 1 条

配料： 枸杞 5 克，蜜枣 10 枚，精盐、味精、糖、酱油、白胡椒粉、川椒段、米醋、料酒、干粉、葱段、姜片、蒜片、老汤、植物油各适量

操作步骤

①先将鱼头冲净，改刀拍干粉，炒锅上火，放入植物油，烧至七成热时下入鱼头，炸至金黄色。

②捞出留底油，用葱段、姜片、蒜片炝锅，放入炸好的鱼头，烹入料酒、米醋、酱油，倒入适量老汤，放入精盐、味精、糖烧开。

③转小火炖至出香味时，放入枸杞、枣、川椒段、白胡椒粉，盛入铁锅中即可。

操作要领

如果想要让口感更加浓郁鲜香，可以适当加入五花肉炝锅。

营养贴士

鲢鱼有健脾补气、温中暖胃的功效。

主料： 仔鸡 1 只

配料： 糖汁 200 克，五香卤汁 500 克，葱花、辣椒面各少许

操作步骤

①仔鸡宰杀，取出内脏，洗净，入沸水焯，撇去血水，再放入五香卤汁，用旺火烧沸，转小火煮熟，捞出沥干。

②将鸡挂好后，用沸水浇淋全身，使鸡皮缩紧，刷糖汁，晾干，使烤后皮酥脆且色鲜艳。

③用木塞将鸡肛门塞住，从右腋刀口处灌入沸水至鸡胸部，扎紧，在鸡皮上刷一层辣椒面。

④将鸡挂入已生好大火的炉内烤，烤约 30 分钟时取出，冷却后装盘，撒上葱花即可。

操作要领

给鸡灌水，可使鸡在烧制时内煮外烧，成熟得快。

营养贴士

鸡肉有增强体质、强健身体的功效。

视觉享受：★★★★　味觉享受：★★★★　操作难度：★★

黔味烤鸡

TIME 60 分钟

菜品特点

滋味鲜香
皮脆肉嫩

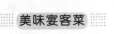

湘江鲫鱼

TIME 25 分钟

菜品特点
外焦里嫩
美味可口

> **主料：** 湘江活鲫鱼 500 克

> **配料：** 鲜红椒 10 克，碎干椒 5 克，葱、姜各 25 克，料酒 50 克，香油 20 克，蒜泥、陈醋、盐、味精、植物油各适量

视觉享受：★★★★★
味觉享受：★★★
操作难度：★★

操作步骤

①将鲫鱼粗加工后，清洗干净，放葱、姜、料酒腌约 10 分钟；红椒、姜切成米粒状，葱切成花。

②锅内倒油，烧至七成热，下入鲫鱼，炸至金黄色捞出。

③锅内放香油，下入红椒米、姜末、蒜泥、碎干椒炒香，加入盐、味精，烹入陈醋，倒入鲫鱼翻炒入味，撒上葱花，出锅即成。

操作要领

烹制过程中，要保持鲫鱼焦酥。

营养贴士

鲫鱼药用价值极高，其性平，味甘，入胃、肾，具有和中补虚、除羸、温胃进食、补中生气的功效。

视觉享受: ★★★★　味觉享受: ★★★★　操作难度: ★★

贵州口水鸡

TIME 60分钟

菜品特点
鲜香可口
营养丰富

● **主料:** 三黄鸡1只
● **配料:** 辣椒粒、姜片、花生碎、花椒、白芝麻、葱花、蒜末、花椒粉、辣椒粉、精盐、料酒、生抽、米醋、香油、白糖各适量

操作步骤

①锅置旺火上,放水、姜片烧开,加入三黄鸡汆烫捞出,换水烧开,加入姜片,把鸡放入煮10分钟,之后焖8分钟左右取出,用冷水浸泡,待鸡凉后取出,切块装盘。

②在小碗中放入花椒粉、辣椒粉;用香油把花椒稍微炸一下,稍凉后一起倒进小碗,加入花生碎、白芝麻、葱花、姜片、辣椒粒、蒜末、白糖、米醋、精盐、料酒、生抽,调匀后浇到鸡块上即可。

操作要领

鸡肉焖至肉最厚的地方用筷子能扎透且没有血水透出为好。

营养贴士

鸡肉具有温中益气、补虚损的功效。

● **主料:** 鸭肉500克
● **配料:** 葱花、姜末、精盐、植物油、酱油、泡椒、香菜碎、白糖各适量

操作步骤

①将鸭肉洗净后,放入凉水中,直到水沸腾时,捞出即可。

②锅中加入少量的植物油,将葱花、姜末炒出香味,放入泡椒,用小火炒出红油,然后放入焯好的鸭肉,加入1勺酱油,炒至上色。

③改中火翻炒均匀后,加入适量的白糖、精盐、开水,用中火慢慢炖至鸭肉全熟,最后撒香菜碎收汁即可。

操作要领

步骤③中,加的水以没过材料为准。

营养贴士

鸭肉易于消化,有滋补、养胃、补肾、止咳化痰等作用。

视觉享受: ★★★★　味觉享受: ★★★★　操作难度: ★

锅仔泡椒炖鸭肉

TIME 30分钟

菜品特点
香辣可口
颜色红亮

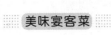

腊八豆炒鱼子

TIME 15分钟

菜品特点
香辣爽口
营养丰富

● **主料：** 熟鱼子300克
● **配料：** 调和油、香油、豆瓣酱、辣椒粉各适量，红椒1个，葱丝适量，腊八豆、姜各少许

视觉享受：★★★★
味觉享受：★★★★
操作难度：★★

操作步骤

①姜切末，红椒切圈。

②锅内入调和油烧热，放豆瓣酱、腊八豆、辣椒粉炒香，再放姜末、红椒圈炒香。

③放入熟鱼子翻炒1~2分钟；下葱丝炒片刻，淋少许香油即可。

酒、陈醋炒熟即可。

操作要领

熟鱼子的处理方法：将生鱼子下油锅煸炒，烹入料

营养贴士

鱼子是一种营养丰富的食品，含有大量的蛋白质、钙、磷、铁、维生素和核黄素，也富有胆固醇，是人类大脑和骨髓的良好补充剂、滋长剂。

视觉享受：★★★★ 味觉享受：★★★★ 操作难度：★

腊八豆炒羔羊肉

TIME 10分钟

菜品特点
肉香细嫩
麻辣爽口

> **主料：** 羔羊肉300克
>
> **配料：** 腊八豆80克，油、剁椒、鸡精、精盐各适量

操作步骤

①锅内入油，入羔羊肉翻炒至变色后，加剁椒、精盐、鸡精，翻炒入味。

②倒入腊八豆翻炒均匀至熟即可出锅。

操作要领

这道菜还可以把羔羊肉换成腊肉，也十分美味。

营养贴士

腊八豆含有丰富的营养成分，如氨基酸、维生素、功能性短肽、大豆异黄酮等生理活性物质，是营养价值较高的保健发酵食品。

> **主料：** 野生干茶树菇150克，蛤蜊100克，基围虾仁、火腿、蟹棒各30克
>
> **配料：** 香辣酱30克，味精5克，酱油8克，干辣椒段、白糖各8克，蚝油10克，高汤500克，色拉油15克

操作步骤

①将茶树菇剪去老根，放入开水中浸泡1.5小时，取出后洗净加入高汤小火煲2小时。

②蛤蜊类洗净入沸水中余1.5分钟后取出；基围虾仁、火腿分别入沸水中余0.5分钟取出；蟹棒入沸水中余2分钟后取出。

③锅内放入色拉油，烧至七成热，放入香辣酱、味精、酱油、白糖、蚝油、干辣椒段煸炒出香，然后再放入茶树菇、蛤蜊、基围虾仁、火腿、蟹棒小火炒5分钟，取出后放入锅仔内，边加热边吃即可。

操作要领

虾不一定要用新鲜虾仁。

营养贴士

茶树菇能滋阴补肾、益气开胃、健脾止泻。

视觉享受：★★★★ 味觉享受：★★★★ 操作难度：★★

海鲜锅仔茶树菇

TIME 150分钟

菜品特点
味辣可口
鲜香开胃

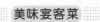

肥肠炖豆腐

TIME 30 分钟

菜品特点
咸鲜爽口
营养丰富

▶ **主料**：豆腐、猪肥肠各 250 克
▶ **配料**：葱、姜、蒜、酱油、精盐、料酒、花椒、高汤、味精、红油、香油、青蒜、猪油各适量

视觉享受：★★★★
味觉享受：★★★★
操作难度：★★

🍴 操作步骤

①将肥肠切成马蹄块，放入沸水锅内焯一下捞出，沥干水分；豆腐切成长为 4 厘米的菱形块，用沸水焯一下；葱、姜切成末，蒜切片，青蒜切小段。

②将锅置于旺火上，放入猪油烧热，用葱末、姜末、蒜片炝锅。

③锅内放入肥肠块煸炒，加入高汤、酱油、精盐、料酒、花椒，再放入豆腐，烧开后转用中火炖15分钟。

④加入味精、红油（辣椒油），再炖 3 分钟，撒上青蒜段，淋上香油即可。

🔔 操作要领

如果没有高汤可用清水代替。

👉 营养贴士

肥肠有润燥、补虚、止渴、止血的功效，可用于治疗虚弱口渴、脱肛、痔疮、便血、便秘等症。

视觉享受：★★★★　味觉享受：★★★★　操作难度：★★

酥炸小山茄

TIME 10分钟

菜品特点
色泽金黄
酥脆可口

主料： 细茄子200克

配料： 玉米油、面粉、淀粉、蛋清各5克，花椒粉0.5克，精盐2克

🥄 操作步骤

①将茄子切成厚薄一致的片备用；将面粉、淀粉、精盐、蛋清调成芡汁，放入茄片裹匀。

②热锅放入玉米油，烧五成热；茄片逐个放入锅内，炸熟之后装盘，撒上花椒粉即可。

🔥 操作要领 ◀◀◀

切茄子的时候记得不要切太厚，薄一点吃起来口感更加香脆。

👉 营养贴士

茄子的营养较丰富，含有蛋白质、脂肪、碳水化合物、维生素以及钙、磷、铁等多种营养物质。

主料： 西葫芦2个，鸡胸脯肉1块

配料： 盐、黄酒、姜汁、麻椒水、淀粉、植物油各适量

🥄 操作步骤 ◀◀

①西葫芦擦成丝，用开水烫过挤去水分；鸡胸脯肉斩剁成茸，放在碗内，加入盐、黄酒、麻椒水、姜汁拌均匀。

②将西葫芦丝倒入剁成茸的鸡胸脯肉中抓匀，加少许淀粉，团成丸子。

③锅倒油烧热，将团好的丸子逐个放入锅内炸至淡黄起壳时，盛出装盘即可。

🔥 操作要领 ◀◀◀

步骤①中，在碗内和肉馅时，一定要拌，不要搅，要不然容易上劲，丸子就不细嫩了。

👉 营养贴士

中医认为西葫芦具有清热利尿、除烦止渴、润肺止咳、消肿散结的功效。

视觉享受：★★★★　味觉享受：★★★★　操作难度：★

脆皮西葫芦丸子

TIME 30分钟

菜品特点
色泽金黄
清香可口

海米烩萝卜丸

TIME 10分钟

菜品特点
甘腴丰美
清淡宜人

● **主料：** 萝卜丸 10 个

● **配料：** 海米、娃娃菜各 50 克，水淀粉、姜、精盐、植物油各适量

视觉享受：★★★★
味觉享受：★★★★
操作难度：★

🍳 操作步骤

①海米先洗两遍，用水浸泡 1 小时后捞出沥干；姜洗净切片再改刀成姜丝；娃娃菜切片。

②锅中放适量油烧热，下海米和姜丝一同炒香，下娃娃菜和萝卜丸同炒，加适量水，让原料煮大约 10 分钟后调入水淀粉勾芡，调入少许精盐码味即可。

操作要领

萝卜丸要事先炸好，或者用从前炸过的萝卜丸烹饪。

🥢 营养贴士

海米营养丰富、肉质软嫩、味道鲜醇，煎、炒、蒸、煮均宜，味道鲜美，为"三鲜"之一。

视觉享受：★★★★　味觉享受：★★★★　操作难度：★★★

美味白菜包

TIME 20分钟

菜品特点
鲜绿鲜揭
口感香

> **主料：** 白菜叶3片
> **配料：** 香葱3颗，猪肉、豆腐干、火腿、蘑菇、胡萝卜、精盐、生抽、韩国泡菜汤、味精、水淀粉、植物油各适量

操作步骤

①豆腐干切丁，火腿切丁，蘑菇切丁，胡萝卜切丁，猪肉洗净剁泥。
②大白菜叶整叶过沸水，焯至白菜变软，捞出沥干水分，平铺在菜板上。
③锅内加入适量油，油热，倒入准备的猪肉、豆腐干、火腿、蘑菇、胡萝卜翻炒均匀，加精盐、生抽翻炒至熟盛出备用。
④用白菜叶裹上炒好的馅料，用葱扎紧成白菜包，放在盘子里。
⑤锅内加水、韩国泡菜汤，大火烧开，加入精盐、味精调味，加水淀粉勾芡，倒在白菜卷上即可。

操作要领

做白菜包的时候，也可将菜叶平铺在案板上，放上馅料，按一个方向卷成平的。

营养贴士

白菜富含胡萝卜素、维生素、膳食纤维以及蛋白质、脂肪和钙、磷、铁等。

> **主料：** 大葱350克，瘦猪肉100克
> **配料：** 精盐、味精各2克，花生油30克，淀粉5克，料酒5克

操作步骤

①将大葱洗净，切段；猪肉切细丝放入碗内，加少许精盐、味精、料酒、湿淀粉10克（淀粉5克加水5克）稍腌。
②炒勺内放入油，放入肉丝煸炒，再倒入大葱，翻匀炒熟，出勺即可。

操作要领

腌肉时已有部分精盐，后来加的时候要适量，以免过咸。

营养贴士

葱所含的苹果酸和磷酸糖能兴奋神经、改善促进循环，解表清热。

视觉享受：★★★★　味觉享受：★★★★　操作难度：★

葱爆肉

TIME 10分钟

菜品特点
清白脆嫩
鲜香养胃

功夫桂鱼

TIME 20分钟

菜品特点
红亮悦目
油而不腻

● **主料：**桂鱼1条
● **配料：**干红辣椒段、花椒粒、姜末、蒜末、葱末、油、精盐、白糖、味精、生粉、酱油、料酒、豆瓣酱（或剁椒）、生蛋清、胡椒粉、辣椒粉各适量

视觉享受：★★★★
味觉享受：★★★★
操作难度：★

操作步骤

①将鱼杀好洗净，剁下头尾，片成鱼片，将鱼片用少许精盐、料酒、生粉和一个生蛋清抓匀，腌15分钟。
②在干净的炒锅中加平常炒菜3倍的油，油热后，放入3大匙豆瓣酱（或剁椒）爆香，加姜末、蒜末、葱末、花椒粒、辣椒粉及干红辣椒段中小火煸炒；出味后转大火，翻匀，加料酒和酱油、胡椒粉、白糖各适量，继续翻炒片刻后，加一些热水，同时放精盐和味精调味；待水开，保持大火，将鱼片一片片放入，用筷子拨散，3~5分钟即可关火；把煮好的鱼倒进碟子装盘即可。
③另取一干净锅，倒入半斤油；待油热后，关火先

晾一下；然后多加些花椒及干红辣椒段，用小火慢慢炒出花椒和辣椒的香味；注意火不可太大，以免炒煳；辣椒颜色快变时，立即关火，把锅中的油及花椒、辣椒一起浇在鱼上。

操作要领

煮鱼之前把部分花椒和辣椒先炒过，这样在煮的时候，就可以充分浸出辣椒中的红色素，使油色红亮。

营养贴士

辣椒御寒、益气养血。能促进消化液分泌、增进食欲。

视觉享受：★★★★　味觉享受：★★★★　操作难度：★★

快炒素肉丝

TIME 10分钟

菜品特点
黄绿相间
色彩美观

主料： 素肉 150 克，韭菜 150 克

配料： 植物油 50 克，精盐 4 克，味精 2 克，醋 2 克，香油 5 克

操作步骤

①先将素肉泡发，下入六成热油锅内炸至金黄色时捞出，再切成丝；韭菜洗净切成寸段，沸水焯后捞出冲凉；锅置旺火上，放入植物油；烧热后下入素肉丝炒香。

②随后放入韭菜煸炒均匀；再加入精盐、味精、醋翻炒入味，淋上香油出锅装盘即成。

操作要领

素肉要用热水泡发。

营养贴士

素肉含有人体所需的多种蛋白质，是公认的健康食品。

主料： 冻豆腐 150 克，密豆 100 克

配料： 油、精盐各适量，红椒丝少许

操作步骤

①密豆摘去老筋，洗净切段；冻豆腐切长条。

②锅中放油，加入密豆翻炒断生，放入冻豆腐翻炒一会儿，放入红椒丝，加精盐继续炒匀即可。

操作要领

豆类一定炒熟再食用。

营养贴士

密豆所含成分具有维持人体正常代谢的功能，可促进人体内多种酶的活性，从而增强免疫力、提高人的抗病能力。

视觉享受：★★★★　味觉享受：★★★★　操作难度：★

冻豆腐炒密豆

TIME 10分钟

菜品特点
口感清香
色译鲜绿

TIME 20分钟

菜品特点
外酥里嫩
鲜香适口

炸茄盒

● **主料:** 茄子 2 个, 猪肉适量
● **配料:** 鸡蛋 2 个, 面粉少许, 油、葱花、姜末、精盐、蒜末、料酒各适量

视觉享受: ★★★★
味觉享受: ★★★★
操作难度: ★★

➋ 操作步骤

①将茄子切成直径 6 厘米, 厚 2 厘米的圆片; 猪肉剁泥, 加鸡蛋、葱花、姜末、精盐、蒜末、料酒, 往一个方向搅拌至上劲成肉馅; 鸡蛋打散, 加入面粉调成糊。

②手拿一块茄片, 在上面抹一层肉馅, 再在肉馅上盖一块茄片制成茄盒。

③锅中放油, 烧温热, 将茄盒放入蛋糊中沾匀, 逐个放入油锅中炸熟成茄盒, 捞出装盘即可。

➍ 操作要领

茄片不要切太厚。

☞ 营养贴士

茄子含丰富的维生素 P, 有防止微血管破裂的作用, 有效预防心血管疾病。

视觉享受：★★★ 味觉享受：★★★ 操作难度：★★

松仁小肚

TIME 150分钟

菜品特点

肉质鲜嫩
肥而不腻

> **主料：** 去皮猪五花肉 500 克，猪小肚适量
>
> **配料：** 松仁 50 克，淀粉 80 克，砂仁、鸡精、花椒粉各 5 克，姜末 30 克，锯末 30 克，精盐 10 克，香油 10 克，白糖 100 克

操作步骤

①五花肉洗净，切成大约长 5 厘米、宽 3 厘米、厚 1 厘米的片，放入一个大碗内，加入除白糖、锯末外的配料以及适量清水拌匀，不停搅拌直至馅料成黏性状态。

②小肚洗净，控干水分，灌入七成左右的肉馅，扎好皮后，捏均匀后压扁；剩余肉馅按此做法灌好。

③灌好后洗净小肚表面，放入加有精盐的沸水锅中，水开后改中小火，其间每半小时左右扎针放气一次，控尽肚内油水，并翻动几次，撇除浮沫，煮制大约 2 小时后关火。

④熏锅内放入白糖和锯末，小肚放入熏屉进行熏制，8 分钟后出锅晾凉，食用时切片摆盘即可。

操作要领

在灌肉馅时最好搅拌一下，以免肉馅出现沉淀。

营养贴士

猪肉含有丰富的优质蛋白质和人体所必需的脂肪酸。

> **主料：** 面筋丝 200 克
>
> **配料：** 醋 30 克，糖、绿豆芽各 30 克，葱 1 棵，油、精盐、生抽各适量

操作步骤

①葱切葱花；面筋丝下锅炒脆备用；将生抽、醋和糖调成糖醋汁备用。

②锅中放少许油，稍热将葱花放入爆香后，倒入面筋丝放少许精盐，加入调好的糖醋汁快速翻炒；待面筋身上都均匀裹上糖醋汁后，放入豆芽翻至熟，出锅，撒上葱花即可。

操作要领

加入糖醋汁后要快速翻炒，使糖醋汁均匀裹在面筋丝上。

营养贴士

面筋有宽中益气、解热和中、止渴消烦的功效。

视觉享受：★★★★ 味觉享受：★★★★ 操作难度：★★

糖醋面筋丝

TIME 15分钟

菜品特点

外焦里嫩
口感绵软

 TIME 30分钟

菜品特点
鲜香软嫩
肥汁醇味

 蒸**茄盒**

➡ **主料:** 长茄子200克，猪肉末150克
👍 **配料:** 姜、生抽、料酒、糖、精盐、香菜碎、花椒粉各适量

视觉享受：★★★★
味觉享受：★★★★
操作难度：★★

🔄 **操作步骤**

①猪肉末中加入料酒、生抽、精盐、糖、花椒粉、姜末，顺一个方向搅拌上劲成馅；最后加入香菜碎稍稍搅拌即可。
②茄子切薄片，用手拿一片在手上，在上面抹层肉馅，再在肉馅上盖一片茄片，制成茄盒。
③将切盒逐个放入蒸锅摆好，大火蒸熟即可。

💧 **操作要领**

用长茄子制作茄盒最合适。

👉 **营养贴士**

茄子有清热凉血、散瘀肿的功效。

视觉享受：★★★★ 味觉享受：★★★★ 操作难度：★★

三宝烩鸭脯

TIME 60分钟

菜品特点
汤汁嫩滑
清香绵长

➡ **主料：** 鸭脯、火腿各200克，土豆、冬笋各100克

➡ **配料：** 色拉油、精盐、葱花、料酒、糖、高汤各适量

操作步骤

①鸭脯洗净切丁；火腿、土豆切丁；冬笋切片。锅中放入适量冷水，把切好的鸭丁放入锅中焯水，撇去浮沫，捞出鸭肉备用。

②炒锅中放入适量色拉油，葱花入锅炒香，把鸭丁倒入锅中大火翻炒；加入适量料酒，翻炒均匀。

③加入适量糖，把火腿丁、土豆丁、冬笋丁放入锅中，与鸭肉一起翻炒一小会儿后加少量高汤，撒适量精盐，大火烧开后盖上锅盖转小火焖煮25分钟左右至鸭肉入味，"三宝"全熟即可。

操作要领

鸭肉要事先余水。

营养贴士

鸭肉有补虚劳、消毒热、利小便、除水肿、消胀满、利脏腑、退疮肿、定惊痫的功效。

➡ **主料：** 鸡腿2个

➡ **配料：** 葱、姜、蒜、生抽、老抽、蚝油、料酒、白胡椒粉、花椒粉、豆豉酱、糖、精盐各适量

操作步骤

①鸡腿洗净后切一刀方便入味；葱、姜、蒜切碎待用。

②把鸡腿和葱、姜、蒜、生抽、老抽、蚝油、料酒、白胡椒粉、花椒粉、豆豉酱、糖、少许精盐放在一个盆内拌匀。

③将拌好的鸡腿装入保鲜袋中，放冰箱冷藏腌渍过夜。

④将鸡腿放入蒸锅中，水开后，中火蒸约20分钟左右即可。

操作要领

用牙签在鸡腿上扎几下，也是方便鸡腿入味的好方法。

营养贴士

鸡肉营养丰富，有滋补养身的作用。

视觉享受：★★★★ 味觉享受：★★★★ 操作难度：★

豆豉酱蒸鸡腿

TIME 30分钟

菜品特点
麻辣爽口
鸡肉鲜嫩

翡翠玉卷

TIME 30 分钟

菜品特点
脆嫩生鲜
层次分明

> **主料：** 包菜叶若干，胡萝卜、竹笋、金针菇各适量
> **配料：** 食用油、生抽、白糖、精盐、胡椒粉、蘑菇精、水淀粉各适量

操作步骤

①包菜叶洗净，放沸水锅里烫软切成5厘米宽的条；金针菇、胡萝卜、竹笋洗净，金针菇撕条后切两截，胡萝卜和竹笋切细丝。

②起油锅烧热，先倒入笋丝煸炒至水干，再加入金针菇和胡萝卜丝一起炒，加生抽、少许白糖、少量精盐、胡椒粉、蘑菇精翻炒匀。

③把炒好的馅料用包菜卷好做成包菜卷。将包好的菜卷蒸10分钟，加少许精盐、蘑菇精、生抽、水淀粉调制的芡汁即可。

视觉享受：★★★★
味觉享受：★★★★
操作难度：★

操作要领

胡萝卜、竹笋、金针菇切丝后的长度最好与包菜的宽度一致。

营养贴士

包菜有清热除烦、行气祛瘀、消肿散结、通利胃肠之功效。

视觉享受：★★★★　味觉享受：★★★　操作难度：★★

煎蒸藕夹

TIME 30分钟

菜品特点

口味独特
营养丰富

○ **主料：** 面粉、莲藕、猪里脊各适量

○ **配料：** 鸡蛋、五香粉、苏打粉、葱花、姜末、精盐、鸡精、料酒、生抽、高汤、水淀粉、辣椒油、香菜段、植物油各适量

操作步骤

①面粉中加鸡蛋、精盐、五香粉、苏打粉、水，拌成面糊；肉剁成肉泥，放在碗内，加葱花、姜末、精盐、鸡精、料酒、生抽，向一个方向搅拌上劲，备用。

②莲藕切成片，再在片中间切一刀，但是不要切断，做成藕夹，然后将拌好的肉馅放适量在里面，轻压一下，然后依次做好全部藕夹。

③锅中倒油烧五成热，将做好的藕夹挂上面糊，放入锅中炸成双面金黄即可捞起，用吸油纸吸下油，盛出放在准备好的蒸锅里蒸至外皮发软取出摆盘。

④锅烧热，放高汤、辣椒油搅拌，用水淀粉勾薄欠淋在藕夹上，撒上香菜段即可。

操作要领 ◀◀◀

不喜欢香菜可以不放。

营养贴士

藕能清热生津，凉血止血，散瘀血。

○ **主料：** 草鱼1条

○ **配料：** 番茄1个，姜1块，榨菜、蘑菇、黄豆芽、青蒜、木姜子油、精盐、凯里红酸汤、胡椒粉、植物油各适量

操作步骤

①黄豆芽洗净去根，蘑菇撕小朵，入沸水焯软；姜切小块，青蒜洗净切成段；番茄入沸水烫一下，去皮切块；草鱼洗净，清除内脏、鱼鳃、鳞，切成段。

②锅中放植物油，烧至五成热，下姜块煸炒出香味，加入番茄块煸炒出红油，加入适量酸汤翻炒几下，倒入适量冷水。

③红汤中加入蘑菇、黄豆芽、榨菜、木姜子油，中火煮开，加精盐、胡椒粉调味；改小火，放入鱼头煮3~5分钟，再放入鱼段，煮15分钟左右至鱼熟透，撒上青蒜段即可。

操作要领 ◀◀◀

草鱼段也可以先洗净，沥干水，用姜片和黄酒泡一段时间，以去掉腥味。

营养贴士

草鱼具有暖胃和中、平肝祛风、治痹、截疟、益肠明眼目的功效。

视觉享受：★★★　味觉享受：★★★★　操作难度：★★★

酸汤鱼

TIME 45分钟

菜品特点

酸爽爽口
营养丰富

苦瓜烧五花肉

TIME 90分钟

菜品特点
肥而不腻
营养可口

▶ **主料：** 苦瓜1根，带皮五花肉1块
◀ **配料：** 花椒、姜末、料酒、盐、甜面酱、老抽、盐、鸡精、高汤、食用油各适量

视觉享受：★★★★
味觉享受：★★★★
操作难度：★★

操作步骤

①五花肉切小方块，滴几滴料酒备用；苦瓜对半切开挖去瓤，用少量盐腌10分钟。

②烧开水，将腌好的苦瓜倒入过水，去除苦味。

③锅倒油烧至三成热，放入五花肉煸炒到收水出油，放入姜末、花椒炒出香味，加入甜面酱、老抽、少许高汤，加盖煮10分钟。

④倒入过了水的苦瓜丁中火烧5分钟，大火收汁到浓稠，加入鸡精起锅食用即可。

操作要领

高汤也可用白开水代替。

营养贴士

苦瓜性寒，味苦，入心、肺、胃。具有清闷解渴、降血压血脂、养颜美容、促进新陈代谢等功能。

视觉享受：★★★★　味觉享受：★★★★　操作难度：★

豆腐穿黄瓜

TIME 20分钟

菜品特点
一清二白
口感鲜糯

⊖ **主料：** 豆腐 200 克，黄瓜 2 根

⊖ **配料：** 精盐、胡椒粉、香油各适量

🔁 操作步骤

①将黄瓜洗净，切大段，把中间的瓤挖空。

②取一小块豆腐捣成泥，加入精盐和胡椒粉调味，填入挖好的黄瓜内，用手轻轻压紧，放入蒸锅；用中火蒸至豆腐成熟，滴上香油即可。

🌢 操作要领 ◀◀◀

黄瓜切好后先烫过再填馅，蒸的时候不容易变黄。

👉 营养贴士

豆腐为补益清热养生食品，常食可补中益气、清热润燥、生津止渴、清洁肠胃。

⊖ **主料：** 鸡肾 300 克，鸭血（白鸭）200 克

⊖ **配料：** 豆豉、泡椒各 30 克，白芸豆 20 克，色拉油 20 克，豆瓣 15 克，大葱 10 克，味精 2 克，白砂糖 3 克，鲜汤少许，精盐、淀粉（玉米）各 5 克

🔁 操作步骤 ◀

①鸡肾去筋膜，汆熟待用；鸭血改刀切成菱形块；大葱切成葱花。

②锅内下色拉油少许，加豆豉、豆瓣、泡椒炒出味，加鲜汤吃味。

③放入鸡肾、鸭血、白芸豆同烧至入味；淀粉勾芡，加白砂糖和味精，撒上精盐，收汁装盘，撒上葱花即可。

🌢 操作要领 ◀◀◀

此菜烧制时间不宜过长，以防鸭血过老。

👉 营养贴士

鸡肾可治头晕眼花、咽干耳鸣、耳聋、盗汗等病。

视觉享受：★★★★　味觉享受：★★★★　操作难度：★

鸡肾鸭血

TIME 10分钟

菜品特点
口味独特
营养丰富

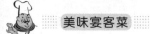

韭菜炒羊肝

TIME 15分钟

主料: 羊肝 250 克, 韭菜 300 克

配料: 鸡精、姜、糖、精盐、鲜抽、食用油、料酒各适量

视觉享受: ★★★★
味觉享受: ★★★★
操作难度: ★★

操作步骤

①韭菜洗净切段; 羊肝用清水浸 60 分钟, 去杂质, 切片; 姜切丝。

②油热后放姜丝爆香, 放下羊肝煸炒, 加料酒焖煮 5 分钟, 盛出。

③把锅洗净, 放油, 放入韭菜煸炒 10 秒钟, 放入羊肝煸炒匀, 加糖、精盐、鸡精、鲜抽炒匀装盘即可。

操作要领

羊肝择去筋膜后炒熟、炒匀, 以免生肉有毒菌, 也可先过水再炒。

营养贴士

羊肝有益血补肝、明目的功效。

鱿鱼丝炒韭薹

TIME 15分钟

菜品特点
嫩滑鲜香
鱼味菜长

> **主料**：干鱿鱼3条，韭薹1把

> **配料**：红椒丝、生抽、料酒、精盐、植物油各适量

做法享受 ★★★★
视觉享受 ★★★★
操作难度 ★

操作步骤

①干鱿鱼洗净泡发，切丝；韭薹洗净切段。

②锅倒油烧热，放入鱿鱼丝滑一下，加生抽、料酒翻炒至鱿鱼断生，放红椒丝、韭薹翻至熟，加精盐调味，出锅装盘即可。

操作要领

鱿鱼一定要洗干净，去除碱味。

营养贴士

鱿鱼富含蛋白质、钙、牛磺酸、磷、维生素 B_1 等多种营养成分。

酸辣牛百叶

TIME 10分钟

菜品特点
入口脆嫩
鲜香微辣

主料： 牛百叶 100 克

配料： 香菜茎 20 克，植物油 10 克，香油 1 克，味精 1 克，胡椒粉 1 克，干辣椒若干，葱段、姜片、蒜片、葱丝、姜丝、八角、料酒、精盐、淀粉各适量

操作步骤

①牛百叶泡洗干净后，放入开水锅内，加入葱段、姜片、八角煮熟捞出，用冷水过凉后切成丝；香菜茎洗净切寸段；干辣椒切细丝。

②炒锅上火，倒入植物油，烧热后投入蒜片，放入辣椒丝、葱丝、姜丝、百叶丝，烹入料酒翻炒几下，再放入其他调料翻炒，加入香菜茎段，淋入水淀粉，滴入香油，出锅装盘即可。

视做享受：★★★★
味觉享受：★★★★
操作难度：★

操作要领

牛百叶不宜久煮，否则肉质会变柴。

营养贴士

牛百叶具有补益脾胃、补气养血、补虚益精、消渴风眩的功效。

香味四溢
滋补汤羹

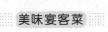

TIME 60分钟

菜品特点
补血安神
延年益寿

香菇 红枝汤

- ▶ **主料**：大枣、干香菇各适量
- ▶ **配料**：精盐、料酒、味精、色拉油各适量

视觉享受：★★★★
味觉享受：★★★★
操作难度：★

🔄 操作步骤

①大枣去核洗净；干香菇用温水泡至软涨，捞出洗去泥沙。

②将泡香菇的水注入有盖炖盅内，放入香菇、大枣，调入精盐、味精、料酒、色拉油及少许水，隔水炖熟即可。

🔥 操作要领

如果想要增强营养，可以适当加入姜片。但是姜片不宜在晚上食用，食用时尽量避开晚上。

👉 营养贴士

红枣具有除腥臭味、宁心安神、益智健脑等功效。

视觉享受：★★★★ 味觉享受：★★★★ 操作难度：★

番茄牛尾汤

TIME 200 分钟

菜品特点

老火靓汤
美容养颜

● **主料:** 牛尾1根，番茄3个
● **配料:** 精盐、葱花、姜片、料酒、植物油、大葱段、香叶各适量

操作步骤

①牛尾斩段洗净后倒入清水，浸泡1个小时，再下入锅中加料酒、姜片焯水，去除牛尾的腥味和血水。
②将牛尾和水（水要多些，一次加够）以及香叶、大葱段和姜片一起放入砂锅中；大火烧开，转中小火炖2小时。
③番茄切块，放入正在煮的汤内，放精盐小火再煲1个小时，起锅撒上葱花即成。

操作要领

牛尾一定要先浸泡再焯水，以去除腥味。

营养贴士

牛尾有补气养血强筋骨的功效，含有丰富的蛋白质、脂肪和维生素等物质。尤其当中含量较多的胶质，常食可以补体虚、滋颜养容。

● **主料:** 牛腿腱肉500克
● **配料:** 枸杞、精盐、香菜段各适量

操作步骤

①牛肉洗净，入沸水中焯一下，除去血沫，捞出切片；香菜洗净切段。
②锅放清水煮沸，放入牛肉片，煮滚后文火煲1小时。
③放入枸杞，旺火煮5分钟，加香菜段、精盐调味即可。

操作要领

煲汤时可以加入萝卜，因为萝卜含有天然的辛味及甜味，可以消除牛肉的腥味，提升高汤鲜美度，使汤汁越煮越香醇。

营养贴士

牛肉有补中益气、滋养脾胃、强健筋骨、化痰息风、止渴止涎的功效。

视觉享受：★★★★ 味觉享受：★★★★ 操作难度：★

理气牛肉汤

TIME 180 分钟

菜品特点

高汤鲜美
营养甘醇

板栗玉米煲排骨

TIME 200分钟

菜品特点
健脾宽筋
滋阴润燥

主料： 排骨500克，甜玉米1根，栗子肉适量

配料： 黄酒20克，枣、枸杞、精盐、葱段、姜片、胡椒粉各适量

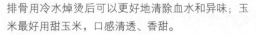
视觉享受：★★★★
味觉享受：★★★★
操作难度：★★

操作步骤

①排骨洗净，冷水入锅焯烫，撇去血沫，捞出过凉；甜玉米洗净切段；栗子肉用清水浸泡片刻待用。

②汤煲中加入热水、葱段、姜片、枣、枸杞、黄酒后再加入排骨。

③加盖大火煮开小火炖煮20分钟，然后加入玉米，栗子肉小火炖煮30分钟，10分钟后加入精盐和胡椒粉调味，大火煮开关火。

操作要领

排骨用冷水焯烫后可以更好地清除血水和异味；玉米最好用甜玉米，口感清透、香甜。

营养贴士

玉米性平，味甘。有开胃、健脾、除湿、利尿等作用。

视觉享受：★★★★　味觉享受：★★★★　操作难度：★★

八珍大鱼头

TIME 30分钟

菜品特点
汤白鲜浓
清爽适口

主料： 鲢鱼头 1 个

配料： 八珍（香菇、海参、裙边、虾仁、笋片、火腿、干贝、鱼唇）适量，高汤 500 克，油 15 克，白胡椒粉 5 克，米酒、醋、精盐、糖各少许

操作步骤

①鱼头洗净，从中间劈开切块，八珍（香菇、海参、裙边、虾仁、笋片、火腿、千贝、鱼唇）洗净切片备用。

②大火烧热炒锅，下油烧热，将鱼头块入锅煎 3 分钟，表面略微焦黄后加入高汤，大火烧开。

③汤开后放醋、米酒，煮沸后放入八珍，盖锅盖焖炖 20 分钟；当汤烧至奶白色后调入精盐和糖，撒入白胡椒粉即可。

操作要领

洗鱼头时会有水，放入油锅煎时容易溅起油花，可以用少许精盐涂抹鱼头，避免油花四溅烫伤手。

营养贴士

冬笋具有清热化痰、解渴除烦、清热益气、利隔爽胃、利尿通便、解毒透疹、养肝明目、消食的功效。

主料： 鸡蛋 1 个，瘦肉末 50 克

配料： 沙司、食用油各适量，香菇末、胡萝卜粒、青豌豆、玉米、精盐各少许

操作步骤

①鸡蛋兑入温水打散；锅中加少许油（一点点即可），油热后，分别下入瘦肉末和香菇末煸炒 1~2 分钟，倒入蒸碗中，再倒入蛋液，加少许精盐搅拌均匀。

②把胡萝卜粒、青豌豆和玉米倒入，淋上沙司上色。

③锅中倒入开水（或水先烧开），将鸡蛋液放入，蒸 8 分钟左右即可。

操作要领

最好是用凉开水蒸鸡蛋羹，会使营养免遭损失，也会使蛋羹表面光滑，软嫩爽口。

营养贴士

鸡蛋中的蛋白质对肝脏组织损伤有修复作用。

视觉享受：★★★★　味觉享受：★★★★　操作难度：★

什锦鸡蛋羹

TIME 10分钟

菜品特点
老少皆宜
赋软可口

鱼圆汤

TIME 30 分钟

菜品特点
色白如玉
味美爽口

▶ **主料：** 草鱼 300 克

▶ **配料：** 鸡蛋清 30 克，姜汁 3 克，盐、味精、料酒、香油、胡椒粉、清汤、香菇末、火腿末、姜末、葱花、植物油各适量

视觉享受：★★★★
味觉享受：★★★★
操作难度：★★★

🔁 操作步骤

①草鱼肉去刺、剁成蓉，加鸡蛋清和葱花、姜汁、料酒、香油、胡椒粉，搅拌上劲成鱼肉馅。
②将肉馅挤成丸子，入热水中氽熟，捞出。
③锅内倒清汤烧沸，放入胡椒粉、香菇末、火腿末、姜末、葱花，小火烹煮后，放入鱼丸煮一小会儿即可。

🖐 操作要领

虽然草鱼去刺很麻烦，但是做鱼圆时去刺是必须的。

👉 营养贴士

对于身体瘦弱、食欲不振的人来说，草鱼肉嫩而不腻，可以开胃、滋补。

视觉享受：★★★★ 味觉享受：★★★★ 操作难度：★★★

西施排骨汤

TIME 45分钟

菜品特点
汤汁香浓
菜别丰富

主料： 猪排骨（大排）400克

配料： 乌枣20克，山药（干）50克，油菜10克，精盐3克

操作步骤

①猪排骨处理干净，剁块；山药去皮，洗净切菱形块；乌枣洗净；油菜洗净撕开。

②锅中添水，煮沸后倒入排骨，以高火煮3分钟，撇去血沫，捞出备用。

③净锅添水，以高火煮沸，倒入排骨、乌枣、山药、油菜，以中火煮40分钟，加精盐调味即成。

操作要领 ◄◄◄

油菜也可在排骨快熟时加入。

营养贴士

猪排骨具有滋阴润燥、益精补血的功效，适宜气血不足、阴虚纳差者。

主料： 鸡蛋150克，北豆腐200克

配料： 火腿50克，精盐4克，味精1克，香油2克，葱姜汁适量

操作步骤

①将豆腐洗净后压成泥，放入碗中，磕入鸡蛋搅散，再加温水、葱姜汁、精盐、味精搅匀；火腿剁成碎末，撒在豆腐鸡蛋液上。

②将盛豆腐鸡蛋液的碗放入蒸笼中，用中火蒸10分钟取出，淋入香油即可。

操作要领 ◄◄◄

兑蛋液的水要用温水，不能用冷水或热水。冷水蒸出的蛋不够嫩滑，热水容易把蛋液冲成蛋花。

营养贴士

鸡蛋中蛋氨酸含量特别丰富，而谷类和豆类都缺乏这种人体必需的氨基酸，所以，将鸡蛋与谷类或豆类食品混合食用，能提高后两者的生物利用率。

视觉享受：★★★★ 味觉享受：★★★★ 操作难度：★

豆腐蒸蛋

TIME 10分钟

菜品特点
丝柔嫩滑
入口即化

素食养生锅

TIME 30分钟

菜品特点
天然纯素
绿色健康

🔸 **主料**：玉米 1 根，鲜香菇 100 克，杏鲍菇若干
🔸 **配料**：清汤火锅料 1 包，红椒 5 克，冬粉、黄豆芽各适量，精盐少许

视觉享受：★★★★
味觉享受：★★★★
操作难度：★

🍳 操作步骤

①玉米洗净切段；黄豆芽洗净备用。
②杏鲍菇、鲜香菇洗净切片；红椒切段；冬粉泡水备用。
③取一锅清水加入清汤火锅料，将食材全部放入锅中以大火煮开后，转中小火煮约 10 分钟，加少许精盐即可食用。

🥄 操作要领

火锅料本身有咸味，这里只需要加一点点精盐就好。

🍴 营养贴士

杏鲍菇有杏仁香味，有降血脂、降胆固醇、促进胃肠消化、增强机体免疫能力、防止心血管病等功效。

视觉享受：★★★★ 味觉享受：★★★★ 操作难度：★

骨汤小火锅

TIME 30分钟

菜品特点
爽口调心
味美清羹

主料： 猪骨1500克

配料： 西红柿2个，精盐、枸杞、大枣、干人参、姜片、金针菇、芹菜、白菜、木耳、羊肉各适量

操作步骤

①猪骨洗净，放冷水锅中，泡去血水；金针菇切去老根；芹菜切段；白菜撕片；木耳泡发后撕成小朵；羊肉装盘待用；西红柿洗净待用。

②锅倒水烧热，放入猪骨、枸杞、姜片、大枣、干人参、小火熬2小时，最后放精盐调味。

③熬好的猪骨汤倒入吃火锅的锅中，一边煮一边加入准备的材料烫食。

操作要领

如果没有大骨汤，用清水加入火锅底料也可以。

营养贴士

骨头汤中含有的胶原蛋白能增强人体制造血细胞的能力。

主料： 鸡蛋清、臭豆腐乳各适量

配料： 青豌豆少许，太白粉适量

操作步骤

①臭豆腐乳磨成泥；鸡蛋清打发；太白粉加水勾成芡汁；青豌豆入滚水汆烫至熟后备用。

②碗中淋入打发的鸡蛋清，与臭豆腐泥拌匀，放入锅中以大火蒸5~6分钟至熟，淋上芡汁，放上熟青豌豆即可。

操作要领

臭豆腐汤汁可以适当淋入，口感更加独特。

营养贴士

臭豆腐富含植物性乳酸菌，具有很好的调节肠道及健胃功效。

视觉享受：★★★★ 味觉享受：★★★★ 操作难度：★

臭豆腐乳蒸蛋白

TIME 10分钟

菜品特点
酸香爽口
嫩滑细腻

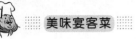

猪腰菜花汤

TIME：10分钟

菜品特点
祛湿利湿
温补润心

➡ **主料：** 猪腰 300 克，菜花、西蓝花各 150 克
➡ **配料：** 胡萝卜、洋葱、芥末油、精盐各适量

视觉享受：★★★★
味觉享受：★★★★
操作难度：★

🍳 操作步骤

①猪腰切花，用精盐浸泡一会儿；西蓝花、菜花择
洗干净；胡萝卜切块；洋葱切块。
②锅中烧开水，把猪腰先放进去，煮开后撇去浮沫，
加入切好的西蓝花、菜花、胡萝卜块和洋葱块稍煮，
加精盐、适量芥末油调味即可。

📖 操作要领

猪腰要事先浸泡去除膻味。

📋 营养贴士

猪腰具有补肾气、通膀胱、消积滞、止消渴之功效。

120

视觉享受：★★★★ 味觉享受：★★★★ 操作难度：★★

纸锅**甲鱼汤**

TIME 60分钟

菜品特点

汤汁洁白
慢细鲜香

➡ **主料：** 土鸡、鳖肉各1只

➡ **配料：** 高汤1000克，姜末、四特酒、熟花生油各20克，精盐10克，枸杞10粒

🔄 操作步骤

①将土鸡、鳖肉洗净切块。

②锅入花生油，烧至七成热时，将土鸡块和鳖肉入锅中小火略煎，煎至两面金黄出香时，放入高汤、姜末、精盐、四特酒、枸杞，大火烧开改小火，慢炖至汤汁洁白浓厚时，起锅装入纸锅中即可。

◢ 操作要领　◀◀◀

土鸡鸡皮中含有大量胶原蛋白，烹饪时不要丢弃。

☞ 营养贴士

土鸡味甘，性温。有温中益气之功效。

➡ **主料：** 咸肉500克，草鱼块适量

➡ **配料：** 熟猪油、生姜末、葱叶、绍酒、精盐、葱花、味精、清鸡汤各适量，小白菜少许

🔄 操作步骤

①咸肉洗净切片；小白菜洗净；葱叶洗净切花。

②锅置火上，下熟猪油，油热后放入生姜末略煸，再倒入咸肉、草鱼块、绍酒略炒。

③倒入清鸡汤煲20分钟，然后倒入小白菜略煮，加精盐、味精调味，最后撒上葱花即可。

◢ 操作要领　◀◀◀

肉上裹上一些淀粉，口感会更好些。

☞ 营养贴士

咸肉中磷、钾、钠的含量丰富，还含有脂肪、蛋白质等元素，具有开胃祛寒、消食等功效。

视觉享受：★★★★ 味觉享受：★★★★ 操作难度：★★★

砂锅**咸双鲜**

TIME 30分钟

菜品特点

汤汁浓郁
肉质鲜嫩

剁椒银鱼蒸蛋

菜品特点
葱香爽口
口味独特

⊃**主料:** 鸡蛋4个，银鱼适量
⊃**配料:** 红椒1个，香菜、植物油、盐、胡椒粉、麻油、海鲜酱油、蚝油、鱼露、糖各适量

视觉享受: ★★★★
味觉享受: ★★★★
操作难度: ★

操作步骤

①银鱼用盐和胡椒粉腌上；鸡蛋打到碗里，搅匀，放盐、植物油和腌好的银鱼，加适量温开水，继续用筷子搅匀，上锅蒸至蛋液凝固。
②红椒、香菜切碎；小火，热锅下植物油与麻油，爆香红椒、香菜碎，加入海鲜酱油、蚝油、鱼露、糖，关火；将做好的剁椒汁淋在蛋羹上即可。

操作要领

蛋液蒸熟后不必急于取出，可关火虚蒸几分钟，口味更好。

营养贴士

银鱼味甘，性平，善补脾胃，且可宜肺、利水，可治脾胃虚弱、肺虚咳嗽、虚劳诸疾。

视觉享受：★★★★　味觉享受：★★★★　操作难度：★

红薯米糊

TIME 20分钟

菜品特点
浓香四溢
入口甘醇

主料： 红薯200克，麦仁、糙米、玉米粒各30克

配料： 咸菜丝若干

操作步骤

①把麦仁和糙米用清水浸泡15分钟洗净；红薯去皮切小块，倒入豆浆机中。

②加入玉米粒和泡好的麦仁、糙米，倒入适量的清水，加盖按下"米香豆浆"键。

③完成后盛出放入碗中撒上咸菜丝即可。

操作要领

米糊中还可加入其他五谷杂粮，更加味美香浓。

营养贴士

红薯含有蛋白质、磷、钙、铁、胡萝卜素、维生素等多种人体必需的营养物质。

主料： 黑芝麻30克，核桃仁50克

配料： 淀粉、冰糖各适量

操作步骤

①芝麻炒香，然后用蒜臼捣碎，下入锅里；加入淀粉、水煮至黏稠，加入冰糖，煮至冰糖溶化。

②搅拌均匀煮2分钟关火，撒上核桃仁即可。

操作要领

核桃仁不用去核桃皮，因为核桃皮营养十分丰富。

营养贴士

核桃仁温补肺肾，有补气养血、润燥化痰、温肺润肠、散肿消毒之功效。

视觉享受：★★★★　味觉享受：★★★★　操作难度：★

芝麻核桃羹

TIME 15分钟

菜品特点
清热解毒
补血养颜

海鲜香焖锅

TIME 60 分钟

菜品特点
鲜香浓郁
肉质细嫩

- **主料**：黑草鱼 1 条，水蟹 1 只，大虾 400 克
- **配料**：高汤 1000 克，色拉油 200 克，鸡粉 20 克，精盐 10 克，姜片、小葱段、大蒜粒、香菜段、红椒段各适量

视觉享受：★★★★
味觉享受：★★★★
操作难度：★★

🍴 操作步骤

①黑草鱼宰杀洗净，将头取下，鱼身切大段备用；锅内放入色拉油 50 克，烧至六成热时将鱼身放入锅内再用小火煎 4 分钟至两面金黄，起锅搁盘。

②锅内放入色拉油 100 克，烧至六成热时放入洗净的水蟹小火煎 3 分钟至两面发红，起锅搁盘。

③大虾洗净，从背部开刀，取出虾线。锅内放入色拉油 50 克，烧至七成热时放入大虾小火两面煎 30 秒钟至发红，起锅搁盘。

④锅中倒入水，将煎好的黑草鱼、水蟹、大虾入锅中，加入调料（色拉油除外）后将锅放在火上中火焖约 5 分钟，即可食用。

🥄 操作要领

步骤④锅中的水以没过海鲜为准。

👉 营养贴士

草鱼味甘，性温，无毒，入肝、胃经。具有暖胃和中、平降肝阳、祛风、治痹、截疟、益肠明目之功效。

124

视觉享受：★★★★　味觉享受：★★★★　操作难度：★

紫菜蛋花汤

TIME 10分钟

菜品特点
简单家常
营养主菜

主料： 紫菜30克，鸡蛋1个
配料： 虾米20克，精盐、味精、葱花、香油各适量

操作步骤

①将紫菜洗净撕碎放入碗中，加入2/3的虾米；鸡蛋打散成蛋液；锅内放适量水烧开，淋入打好的蛋液。
②等鸡蛋花浮起时，加精盐、味精然后将汤倒入紫菜碗中，淋两三滴香油，撒葱花即可。

操作要领

紫菜易熟，煮一下即可，蛋液在倒的时候可先倒在漏勺中，并且在下入锅中时，火要大，而且要不停地搅拌，以免蛋形成块而不起花。

营养贴士

紫菜具有化痰软坚、清热利水、补肾养心的功效。

主料： 青苹果2个，芦荟3片
配料： 白糖、枸杞、冰糖各适量

操作步骤

①青苹果削皮、去核洗净，切成小块；芦荟去刺、去皮洗净，切成条状，撒上白糖腌1小时。
②将青苹果块、芦荟条和冰糖倒入开水锅中，用小火加盖炖至酥软，撒上枸杞即可。

操作要领

芦荟稍有苦味，可以少放一点或者适量加入蜂蜜，更加滋润清甜。

营养贴士

芦荟素有美颜功效，配上青苹果炖制，滋润清甜，又具补中益气、生津健胃、养颜养生、清肝热的疗效。

视觉享受：★★★★　味觉享受：★★★★　操作难度：★

青苹炖芦荟

TIME 60分钟

菜品特点
滋润清甜
补中益气

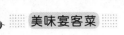

TIME 20分钟

菜品特点
鲜嫩脊润
味儿醇厚

宋嫂鱼羹

> **主料：** 鳜鱼1条（约600克），熟竹笋、火腿、水发香菇各适量

> **配料：** 猪油50克，鸡蛋黄2个，香葱2棵，生姜1块，酱油、高汤、料酒、香醋、精盐、味精各适量，水淀粉少许

视觉享受：★★★★
味觉享受：★★★★
操作难度：★★★

操作步骤

①香葱白、生姜、熟竹笋、火腿、水发香菇切丝；鸡蛋黄打散；鳜鱼切成片，加香葱丝、生姜丝、料酒、精盐，放入蒸锅用大火蒸6分钟左右，取出。

②锅内放猪油，下香葱丝煸至有香味，加入高汤煮开，放入料酒、熟竹笋丝、火腿丝、香菇丝；煮开后，把鳜鱼倒入锅内，加酱油、精盐、味精煮开，用水淀粉勾薄芡。

③再将蛋黄液倒入锅内搅匀，待汤再开时加香醋，

浇上六成热猪油，撒香葱叶切成的葱花即可。

操作要领

鳜鱼肉蒸的时间要稍长一些，可以使鱼肉更入味。

营养贴士

鳜鱼肉的热量不高，而且富含抗氧化成分，适宜贪恋美味，想美容又怕肥胖的女士食用。

126

视觉享受：★★★　味觉享受：★★★★　操作难度：★★

参归羊排芸豆汤

TIME 40分钟

汤汁清甜 温润润喉

主料： 羊排骨 300 克，芸豆 100 克

配料： 当归、党参、葱段、姜片各 15 克，女贞子 5 克，食盐 4 克，鸡精 3 克，料酒 10 克，白糖 8 克

操作步骤

①芸豆择洗干净，切段；羊排剁成段；羊排入沸水锅中焯透捞出。

②砂锅内加清水，下入当归、党参、女贞子小火熬浓，下入羊排、葱段、姜片、料酒，小火炖至九成烂。放芸豆，加食盐、白糖炖至熟透，加鸡精调匀即成。

操作要领

可用高汤代替清水，这样制作出来的汤更加鲜美。

营养贴士

羊肉性温，冬季常吃羊肉，不仅可以增加人体热量，抵御寒冷，而且还能增加消化酶，帮助脾胃消化，起到抗衰老的作用。

主料： 老鸭 1 只

配料： 芡实 30 克，姜、精盐各适量

操作步骤

①将老鸭除内脏后洗净，去除鸭头、鸭尾及肥油，切块，用清水漂洗干净，将水沥干；芡实洗净；姜去皮切片。

②锅中倒入清水，下鸭块、姜片、芡实，盖锅盖以大火煮沸，然后转小火继续煲约 2 小时。

③出锅前加精盐调味即可。

操作要领

去掉鸭肉上的肥油，汤就不会显得太油腻。

营养贴士

鸭肉性寒，味甘，入肺胃肾经。有滋补、养胃、补肾、除痨热骨蒸、消水肿、止热痢、止咳化痰等作用。

视觉享受：★★★★　味觉享受：★★★★★　操作难度：★★★

老鸭芡实汤

TIME 140分钟

菜品特点

鸭肉香嫩 营养丰富

椰子炖乳鸽

TIME 3小时

菜品特点
汤汁乳白
味美香浓

➡ **主料：**乳鸽1只
➡ **配料：**椰子1个，姜、料酒、上汤、精盐、味精各适量

视觉享受：★★★★
味觉享受：★★★★★
操作难度：★★★

操作步骤

①椰子打开，取椰汁和椰肉，留椰子壳备用；乳鸽处理干净，放入沸水中烫一下，然后捞出，控干水分，切成小块；姜切片。

②鸽块放入炖盅，加入姜片、椰肉，倒入椰汁、料酒、上汤，盖上盅盖，放在沸水锅内隔水炖约3小时，再加精盐、味精调味，拣出姜片，倒入椰子壳即成。

操作要领

此汤可多煲一段时间，让材料的营养充分溶解于汤中。

营养贴士

鸽肉性平，味甘、咸，归肝、肾经。具有滋肾益气、祛风解毒、补气虚、益精血、暖腰膝、利小便等作用。

視覺享受：★★★★　味覺享受：★★★★　操作难度：★

三鲜鳝丝汤

TIME 20分钟

菜品特点
软嫩色美
汤鲜味浓

主料： 鳝鱼 50 克，黄瓜适量

配料： 猪瘦肉 20 克，鸡蛋 1 个，姜丝、胡椒粉、精盐、料酒、味精、鲜汤、猪油、水荸粉、芝麻油各适量

操作步骤

①鳝鱼用水冲洗后入沸水中烫熟，将肉切成丝；黄瓜削皮去瓤切成丝；猪瘦肉洗净，切成细丝；鸡蛋磕入碗内调匀，制成蛋皮后切细丝。
②炒锅置火上，下猪油烧热，投入姜丝爆香，倒入鲜汤烧开，速将肉丝下锅，烹入料酒，投入鳝鱼丝、黄瓜丝、蛋皮丝、精盐、胡椒粉、味精，待汤煮沸后，用水荸粉勾荸起锅，盛入汤碗内，淋芝麻油即可。

操作要领

可以适当放点醋，味道更加酸甜可口。

营养贴士

此汤富含优质蛋白质、维生素 B、维生素 A 等营养物质。

主料： 猪心 300 克

配料： 清汤 500 克，黄酒 25 克，党参、黑木耳各 10 克，琥珀粉 5 克，枸杞 8 克，精盐 3 克

操作步骤

①猪心洗净，切成两半，入沸水烫透，切成小块；黑木耳泡发，撕成小朵；枸杞洗净。
②砂锅内放清汤、黄酒、猪心，烧开后撇去浮沫，加入黑木耳、枸杞、党参、琥珀粉，小火炖 2 小时，用精盐调味即成。

操作要领

如果没有清汤也可用清水代替，并不影响其营养价值。

营养贴士

猪心性平，味甘咸，是补益食品，营养十分丰富，具有益气补脾、宁心安神的功效。

視覺享受：★★★　味覺享受：★★★　操作难度：★★

党琥猪心煲

TIME 150分钟

菜品特点
肉嫩汤清
宁心安神

砂锅三味

菜品特点
原汁原味
鲜香适口

> **主料:** 猪肘肉、鸡肉（带骨雏鸡肉）各300克，鸡蛋2个
> **配料:** 油菜心15克，火腿10克，葱段30克，姜片15克，味精3克，鸡油5克，酱油20克，精盐4克，黄酒10克，花生油、清汤适量

视觉享受：★★★★
味觉享受：★★★★★
操作难度：★

⚡ 操作步骤

①将猪肘肉、鸡肉均剁成1寸见方的块，分别放入开水锅内汆过，再放入砂锅内；火腿切成片；油菜心洗净。

②鸡蛋煮熟，剥去壳，周身沾匀酱油，入八成热的花生油中炸至金黄色捞出，摆入砂锅。

③砂锅内加入足量清汤、黄酒、葱段、姜片、精盐，旺火烧开后改小火炖至肉酥烂，取出葱段、姜片，放入火腿片、油菜心略炖，撇去浮油，放入味精，淋上鸡油即成。

⚐ 操作要领

文火慢炖约2小时，以肘肉、鸡肉酥烂为度，上桌前撒少许胡椒粉，其味更佳。

👉 营养贴士

猪肘性平，味甘、咸，有和血脉、润肌肤、填肾精、健腰脚的作用。

视觉享受：★★★★ 味觉享受：★★★★ 操作难度：★

酸枣开胃汤

TIME 60 分钟

菜品特点
清新可口
健脾开胃

- **主料：** 酸枣 100 克
- **配料：** 白糖适量

操作步骤

①酸枣放入锅内，加适量水。

②文火煮 60 分钟，加入白糖即可。

操作要领

此汤一定要用文火煮。

营养贴士

酸枣具有很好的开胃健脾、生津止渴、消食止滞的疗效。

- **主料：** 小海鱼 50 克，西红柿 1 个，竹荪蛋、西蓝花、瘦肉各 100 克
- **配料：** 精盐 2 克，姜丝 3 克，味精 1 克，胡椒粉 10 克，姜葱水、鲜汤适量

操作步骤

①竹荪蛋用姜葱水蒸泡 20 分钟并用清水冲净，改刀成四块；小海鱼洗净；西蓝花洗净撕成小朵；瘦肉切丝；西红柿切片，将上述料都放入砂锅内。

②加姜丝、精盐、味精、胡椒粉、鲜汤一起炖至竹荪蛋吸收汤料变得软烂后上桌。

操作要领

竹荪蛋在加工前必须用姜葱水蒸泡 20 分钟并用清水冲净，去除"臭青味"。

营养贴士

竹荪蛋有滋补强壮、补脑宁神、生精补肾、益气健体的功效。

视觉享受：★★★★ 味觉享受：★★★★ 操作难度：★★★

一品竹荪蛋

TIME 20 分钟

菜品特点
五色缤纷
滋补强壮

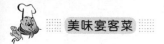

 首乌蒸蛋

TIME 10分钟

菜品特点
色白微黄
口感嫩滑

● 主料：鸡蛋 100 克，何首乌 15 克，鸡肉 90 克
● 配料：料酒 10 克，精盐 2 克，姜 3 克，味精 1 克，葱花少许

视觉享受：★★★★
味觉享受：★★★★
操作难度：★★★

操作步骤

①何首乌切丝装入纱布袋封口；鸡肉剁成糜；姜切成细末；鸡蛋打散放入碗内打匀。

②何首乌加清水 500 克，文火煮 1 小时，弃药留汁；鸡肉、姜末与何首乌汁一起倒入蛋液中，加精盐、料酒、味精搅匀，上笼蒸熟，撒葱花即可。

操作要领

何首乌以体重、质坚实、粉性足者为佳。

营养贴士

此菜可做乌发食谱、补血食谱、益智补脑食谱。

视觉享受：★★★★★　味觉享受：★★★★　操作难度：★

白蘑田园汤

TIME 25分钟

菜品特点
软韧清香
营养全面

主料：小白蘑 200 克，甜玉米半根，胡萝卜、土豆各 50 克，西蓝花 30 克

配料：鸡汤 500 克，葱花少许，精盐、酱油、鸡精、料酒、植物油各适量

🍳 操作步骤

①小白蘑去根，洗净，沥去水分；甜玉米切段；土豆、胡萝卜分别去皮，洗净，切成片。

②锅置火上，加入植物油烧热，下入葱花炒出香味，再加入鸡汤、料酒烧沸，然后放入小白蘑、玉米段、土豆片、胡萝卜片、西蓝花烧沸。

③转小火煮至熟烂，最后加入精盐、酱油、鸡精调味即可。

🥄 操作要领

所有材料一定要煮熟。

👉 营养贴士

白蘑主治小儿麻疹欲出不出、烦躁不安。

主料：鹌鹑 4 只，藕 250 克

配料：葱段、姜片、精盐、料酒、剁椒各适量

🍳 操作步骤

①鹌鹑去头、脚、尾处理干净切块；藕去皮切滚刀块备用；鹌鹑入凉水锅中，沸后煮 2 分钟，捞出用清水冲去污沫。

②将鹌鹑、藕块放入锅中加入适量的清水，放葱段、姜片、料酒大火煮沸后，用小火煮 20 分钟放入精盐、剁椒拌匀即可。

🥄 操作要领

食材之中可以加入莲子，更加清香宜人。

👉 营养贴士

藕性温，味甘，能健脾开胃、益血补心，故主补五脏，有消食、止渴、生津的功效。

视觉享受：★★★★　味觉享受：★★★★　操作难度：★

鹌鹑莲藕汤

TIME 30分钟

菜品特点
鲜纯浓香
肉质细嫩

米兰蔬菜汤

TIME 30 分钟

菜品特点
汤浓清香
淡雅醇美

> ●主料：意大利面 50 克，胡萝卜、圆白菜、四季豆各 20 克
> ●配料：黄甜椒 10 克，番茄酱 10 克，培根 2 片，大蒜 2 瓣，精盐 2 克，橄榄油、白胡椒粉、鸡汤适量

视觉享受：★★★★
味觉享受：★★★★
操作难度：★★

操作步骤

①将所有蔬菜洗净，全部切成小丁备用；培根也切成小丁，大蒜切碎。

②锅中加水，下意大利面煮 8 分钟，捞出。

③汤锅或深炒锅中，加入适量橄榄油，烧热后放入培根、蒜末炒香，加入所有蔬菜丁，炒熟。

④倒入鸡汤，大火煮滚后转小火煮 10 分钟，加入精盐、番茄酱、白胡椒粉调味，再放入意大利面略煮即可。

操作要领

菜的种类比较多，每样都要少放，不然很容易做多。

营养贴士

意大利面易于消化吸收，有改善贫血、增强免疫力、平衡营养吸收等功效。

视觉享受：★★★★ 味觉享受：★★★★ 操作难度：★★

河蚌炖风鸡

TIME 2 小时

菜品特点
肉嫩鲜美
风味独特

主料： 蚌肉 500 克，风鸡 1000 克

配料： 绍酒 20 克，姜 2 片，精盐 10 克，味精 1 克，胡椒粉 2 克，葱花、青笋块各适量

操作步骤

①风鸡切块；蚌肉去泥肠洗净。

②炒锅上火，放入蚌肉、姜片、绍酒和少许清水，用旺火烧沸，撇去浮沫，上小火焖 10 分钟，再放入风鸡同炖。

③旺火烧沸后，移小火炖约 2 小时至蚌肉、风鸡酥烂时，放入青笋块烫熟，加入精盐、味精，起锅装入汤碗内即成；吃时撒入胡椒粉和葱花。

操作要领

风鸡自身有咸味，烹饪时不宜放太多精盐。

营养贴士

河蚌有清热解毒、滋阴明目的功效。

主料： 墨斗鱼 1 条

配料： 胡萝卜汁、菠菜汁、萝卜菜苗、鸡蛋、葱段、姜片、胡椒粉、精盐、鸡精、料酒、淀粉、香油各适量

操作步骤

①将萝卜菜苗洗净切成段；墨斗鱼取肉用搅拌机加入精盐、鸡蛋、胡椒粉、葱段、姜片、料酒、淀粉打成泥。

②将墨鱼泥分成两部分，一半加胡萝卜汁制成红色墨鱼泥，另一半加菠菜汁制成绿色墨鱼泥；坐锅点火将双色墨鱼泥汆成双色墨鱼丸，加精盐、鸡精、胡椒粉调味，装入汤盘中撒上萝卜菜苗，淋入香油即可。

操作要领

为了节约烹饪时间，也可以从超市直接买红绿色墨鱼丸。

营养贴士

墨鱼含丰富的蛋白质，壳含碳酸钙、壳角质、黏液质及少量氯化钠、磷酸钙、镁精盐等。

视觉享受：★★★★ 味觉享受：★★★★ 操作难度：★★★

上汤双色墨鱼丸

TIME 60 分钟

菜品特点
色泽艳丽
清香适口

川百合鸽蛋汤

TIME 50 分钟

菜品特点
补肾益气、滋阴丰肌

> **主料：** 鸽蛋 3 个，川百合 20 克，莲子肉 30 克
> **配料：** 白糖适量

视觉享受：★★★★
味觉享受：★★★★★
操作难度：★★

操作步骤

①川百合洗净；莲子肉洗净；鸽蛋煮熟去壳备用。
②锅置火上，倒入适量清水，加入川百合和莲子肉同煮，煮至莲子酥烂时，倒入鸽蛋。
③加糖调味，待糖溶化即成。

操作要领

此汤宜用小火慢慢炖煮。

营养贴士

有贫血、月经不调、气血不足的女性常吃鸽蛋，不但有美颜滑肤作用，还可能治愈疾病，使人精力旺盛、容光焕发、皮肤艳丽。

视觉享受：★★★★ 味觉享受：★★★★ 操作难度：★★

奶汤烩芦笋

TIME 10分钟

菜品特点
奶汤洁白
清脆鲜嫩

⊙ **主料：** 熟火腿、口蘑各50克，鲜芦笋100克

⊙ **配料：** 清汤、奶汤各500克，葱油25克，葱末、姜末各2克，姜汁3克，绍酒、湿淀粉各适量

🔁 操作步骤

①芦笋剥去皮，用刀一拍切成长3.3厘米的段，加入葱末、姜末，和口蘑一起用沸水汆过；熟火腿切成长3.3厘米、宽1.7厘米的薄片。

②汤勺内放清水，旺火烧沸后移至微火上；另用汤勺放葱油，烧至六成热时，放进清汤、奶汤、绍酒、芦笋、口蘑（切片）、姜汁，烧沸撇净浮沫，用湿淀粉勾芡，盛入汤碗内，放上火腿片即成。

🔥 操作要领

汤烧沸后一定要撇净浮沫。

👉 营养贴士

芦笋富含多种氨基酸、蛋白质和维生素，具有调节机体代谢，提高身体免疫力的功效。

⊙ **主料：** 百灵菇300克，鸭舌800克

⊙ **配料：** 油菜、盐、鸡精、鸡清汤各适量

🔁 操作步骤

①百灵菇洗净切长条；油菜洗净掰开，放入沸水锅中焯熟；鸭舌过水备用。

②锅中倒入鸡清汤，放入鸭舌、百灵菇，加盐、鸡精调味，以小火煮20分钟。

③煮好的百灵菇整齐摆入碗中央，上面放上鸭舌，四周放入油菜浇上鸡清汤即成。

🔥 操作要领

煮鸭舌、百灵菇一定要用小火慢煮，以使鸡汤浸透入味。

👉 营养贴士

百灵菇具有消积化瘀、清热解毒、治疗胃病伤寒等功效。

视觉享受：★★★★ 味觉享受：★★★★★ 操作难度：★★

鸡汁鸭舌 万年菇

TIME 30分钟

菜品特点
要滑细嫩
味美丰腴

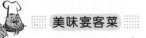

腊肉慈菇汤

TIME 25分钟

菜品特点
腊肉醇郁
风味独特

🔴 **主料**：慈菇、腊肉各适量

🔴 **配料**：精盐、味精、色拉油、清汤、葱花各适量

视觉享受：★★★★
味觉享受：★★★★★
操作难度：★★

🥄 操作步骤

①慈菇去皮，洗净切片；腊肉切片。

②慈菇放入沸水锅中焯一下，然后浸凉。

③锅置火上，倒油烧热，加入清汤、慈菇、腊肉，以大火煮沸，再转中火煮5分钟，加精盐、味精调味，撒上葱花即成。

🍴 操作要领

慈菇焯水后须放入冷水中浸凉再煮。

👉 营养贴士

慈菇主解百毒，能解毒消肿、利尿，可用来治疗各种无名肿毒、毒蛇咬伤。

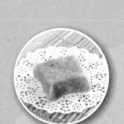

★ ★ ★ ★ ★

花样翻新
百变主食

★ ★ ★ ★ ★

TIME 10分钟

菜品特点
鲜香红润
爽口芬芳

大邴炒饭

> **主料：** 白饭 1 碗，火腿、虾仁各 50 克
>
> **配料：** 色拉油 20 克，精盐 5 克，料酒、生抽、香油、葱花各适量

视觉享受：★★★★
味觉享受：★★★★
操作难度：★★

操作步骤

①锅里放少许色拉油烧热，将火腿（切三角片）炒香，盛出；再在锅内倒入适量色拉油，烧热后倒入白饭一起翻炒均匀，加一点生抽，再加已炒好的火腿，倒进虾仁继续翻炒。

②放精盐调味后，继续翻炒均匀，洒料酒，最后放香油少许，撒葱花即可。

操作要领

由于炒饭的口感重在干、松，所以在拌炒过程中不适合添加汤汁，使用的生鲜食材也应预先处理好。

营养贴士

大米具有补中益气、健脾养胃、益精强志、和五脏、通血脉、聪耳明目、止烦、止渴、止泻的功效。

视觉享受：★★★★ 味觉享受：★★★★ 操作难度：★

农家贴饼子

TIME 20分钟

菜品特点

色泽金黄
绵软酥脆

⊖ **主料：** 玉米面 100 克，黄豆面 50 克，奶粉 30 克

⊖ **配料：** 牛奶 100 克（可用清水代替），葡萄干 15 克，白糖 10 克，酵母粉 1 克，桂花酒适量

🥄 操作步骤

①酵母粉用 50 克桂花酒溶开，一点一点加入到玉米面中，再加入牛奶搅拌均匀；葡萄干浸泡 15 分钟等待变软；静置好的玉米面糊中加入黄豆面、奶粉，再加入白糖调味搅拌均匀。

②浸泡好的葡萄干用厨房用纸吸干水分，放入搅拌好的面糊中一起搅拌匀。

③不粘锅或者电饼铛上刷少许油，小火加热。取适量的面糊揉圆后贴在锅中按瘪，约 1 厘米厚，不要太厚，太厚不容易熟；一面煎好后再煎另外一面即可。

♨ 操作要领

拌匀的玉米糊静置 2 小时，会稍稍蓬松。

👉 营养贴士

玉米性平，味甘淡，一般人均可食用。有益肺宁心、健脾开胃、防癌、降胆固醇、健脑的功效。

⊖ **主料：** 面粉 500 克，芹菜 400 克，黑木耳 100 克，小西红柿 200 克，鸡蛋 3 个

⊖ **配料：** 花生油 25 克，香油 10 克，精盐、味精、葱末、姜末、胡椒粉各适量

🥄 操作步骤

①先把芹菜洗净，放到热水焯一下，过凉水滤干水分，切成丁剁碎；鸡蛋磕到碗里，搅打成蛋液。锅里放花生油，将鸡蛋液炒熟炒碎；木耳浸泡，洗净剁碎。

②芹菜、鸡蛋、木耳放到盆里；小西红柿洗净，切碎放到盆里；放入葱末、姜末，香油、精盐、胡椒粉、味精调匀。

③面粉加凉水和成面团，醒 20 分钟；擀成均匀大小的饺子皮，放入馅料，包成饺子。

④锅里放水烧开，放入饺子用勺子沿锅边慢慢推一下，以免粘锅底；开锅后倒入适量凉水（这个过程重复 3 次），看到饺子膨胀漂浮起来即可。

♨ 操作要领

可以用腊八醋汁蘸着吃，更加酸爽可口。

👉 营养贴士

木耳中的胶质可把残留在人体消化系统内的灰尘、杂质吸附集中起来排出体外，从而起到清胃涤肠的作用。

视觉享受：★★★★ 味觉享受：★★★★ 操作难度：★

素三鲜水饺

TIME 60分钟

菜品特点

色泽淡雅
口感清香

 如意花卷

TIME 60 分钟

菜品特点
形色美观
松软绵韧

➡ **主料:** 精面粉 500 克

➡ **配料:** 熟猪油 50 克，酵面 50 克，白糖少许，苏打粉适量

视觉享受: ★★★★
味觉享受: ★★★★
操作难度: ★

操作步骤

①将面粉倒在案板上，中间扒个窝，加入酵面、清水、白糖后揉匀成团，用湿布盖好，待发酵后加入苏打粉和熟猪油揉匀，醒约 10 分钟。

②醒好的面团搓揉成长圆条，按扁，用擀面杖擀成约 20 厘米长、0.5 厘米厚、12 厘米宽的长方形面皮，刷一层熟猪油，由长方形的窄边向中间对卷成两个圆筒，在合拢处抹清水少许，翻面，搓成直径 3 厘米的圆条，切成 40 个面段，分别揉成花卷生坯。

③笼内抹少许油，然后把花卷生坯立放在笼内，蒸约 15 分钟至熟即成。

操作要领

苏打粉用量要适当，过多面发黄。

营养贴士

面粉富含蛋白质、碳水化合物、维生素和钙、铁、磷、钾、镁等矿物质。

142

视觉享受：★★★★ 味觉享受：★★★★ 操作难度：★

小窝头

TIME 30分钟

菜品特点
色泽鲜黄
香甜细腻

- 🔹 **主料：** 细玉米面 300 克，黄豆面 150 克
- 🔹 **配料：** 白糖、糖桂花各适量

🍳 操作步骤

①将细玉米面、黄豆面、白糖、糖桂花一起与温水揉合至面团柔韧有劲，搓成圆条。

②取面剂放左手心里，用右手将风干的表皮揉软，再搓成圆球形状，蘸点凉水，在圆球中间钻一小洞，由小渐大，由浅渐深，并将窝头上端捏成尖形，直到面团厚度适中，内壁外表均光滑时即制成小窝头。

③将小窝头上笼用旺火蒸 10 分钟即成。

操作要领

窝窝头里面加入一些糖桂花，更加馥郁芬芳。

👉 营养贴士

窝窝头多是用玉米面或杂合面做成，含有丰富的膳食纤维，能刺激肠道蠕动，可预防动脉粥样硬化和冠心病等心血管疾病的发生。

- 🔹 **主料：** 净金瓜（南瓜）600 克，白糖 300 克，自发粉 100 克
- 🔹 **配料：** 威化纸 12 张，糖制冬瓜丁 50 克，橙膏 25 克，粟粉 30 克，生油 500 克（耗油约 75 克）

🍳 操作步骤

①金瓜切小块，撒上白糖，腌渍 24 小时；将腌出的糖水倒入粟粉中搅成稀浆待用；把金瓜块放进不锈钢锅内，煮至存有少量糖水时，把粟粉浆倒入，再放橙膏搅成泥状装盘待用。

②将威化纸 2 张连在一起摊开，把瓜泥分别放上，再将冬瓜丁用刀切成条，分别放在金瓜泥中间，卷成长筒条状待用；再把自发粉盛在碗中，加入 60 克清水和 15 克生油搅拌均匀，便成脆浆。

③将炒锅烧热倒入生油，待油热至约 180℃时，把已卷好的金瓜卷分别粘上脆浆，放入锅内炸至呈金黄色，捞起，放在餐盘上即成。

操作要领

南瓜要挑选个头适中，甜美多汁的。

👉 营养贴士

南瓜性温，味甘，入脾、胃经，具有补中益气、消炎止痛、解毒杀虫的功效。

视觉享受：★★★★ 味觉享受：★★★★ 操作难度：★★

脆皮金瓜

TIME 30分钟

菜品特点
外表酥脆
香甜滑润

端阳糕

菜品特点
香甜可口
清热解毒

➡ **主料:** 绿豆 600 克
👉 **配料:** 青梅、核桃仁各 60 克，桂花酱 50 克，白砂糖 250 克

视觉享受: ★★★★
味觉享受: ★★★★
操作难度: ★

🍳 操作步骤

①将绿豆洗净，放入锅中，上火煮熟，捞出，晾干后磨成细粉；将青梅和核桃仁切成绿豆大小的粒。

②将绿豆粉与青梅粒、核桃仁粒、白砂糖和桂花酱放入盆内，搓匀，淋些凉开水使绿豆粉湿润，将绿豆粉放入模具内铺匀压实，扣出，即可食用。

🥄 操作要领

绿豆一定要煮熟。

🥢 营养贴士

绿豆味甘，性寒，有清热解毒、消暑、利尿、祛痘之功效。

视觉享受：★★★★ 味觉享受：★★★★ 操作难度：★★

春饼

TIME 10分钟

菜品特点
纤薄风纸
皓洁似雪

> **主料：** 面粉 500 克
> **配料：** 植物油少许

操作步骤

①将面粉 400 克用开水烫熟，另外 100 克用凉水调成软面，然后将两块面揉合均匀。

②把面团搓成条，摘成 10 个面剂，按扁，表面刷上植物油，与另一个对合在一起，擀成圆形薄饼，直径 15 ~ 16 厘米。

③把饼坯放入饼铛内，烙至中间鼓起、饼变色即熟，取出揭开成单张，码放在盘中即可。

操作要领 ◀◀◀

擀饼时，厚薄要均匀，否则出现有的地方不熟。上桌食用时配上卤肉、炒鸡蛋饼、炒合菜、韭黄、甜面酱、葱丝等卷成长条即可食用。

营养贴士

面粉有养心益肾、健脾厚肠、除热止渴的功效。

> **主料：** 中筋面粉 100 克，低筋面粉 50 克
> **配料：** 老面团 35 克，奶油（或色拉油）10 克，糖 15 克，冰牛奶（或冰水，冬天可用温的）90 克，干酵母 3 克，小苏打 1 克（用来中和老面的酸性，无可省）

操作步骤

①将面粉和牛奶、干酵母、小苏打揉成团，覆盖保鲜膜静置 3 分钟，等面筋软化再加入老面团揉出筋度，再加入奶油用力揉成光滑有筋度的面团。

②面团稍松弛后进行整形，整形后置蒸笼内发酵 30 ~ 35 分钟，之后用中火蒸 13 分钟至熟即可。

操作要领 ◀◀◀

面团揉好之后醒一会儿，做出的馒头会更加筋道。

营养贴士

面粉富含蛋白质，一般含量为 10%~13%，高于稻米。

视觉享受：★★★★ 味觉享受：★★★★ 操作难度：★★★

老面馒头

TIME 60分钟

菜品特点
暄软可口
奶香四溢

山椒脆骨饭

菜品特点
口感独特
入口即化

● **主料：** 猪脆骨200克，粳米、玉米粒各适量

● **配料：** 山椒30克，黄瓜丝、橄榄油、精盐、鸡精、胡椒粉各适量

视觉享受：★★★★
味觉享受：★★★★
操作难度：★★

操作步骤

①猪脆骨用清水洗净，锅中烧水，水开后放入脆骨；焯烫2分钟，捞出脆骨，再次过清水洗去浮沫；锅烧热，放少许橄榄油，待油烧热，放入猪脆骨翻炒；炒至变色，依次放入切碎的山椒、胡椒粉、精盐和鸡精，煎炒到两面焦黄起锅。

②将粳米和玉米粒淘洗干净，放入电饭锅蒸成米饭；待米饭蒸好后，上面放上炒好的山椒脆骨，撒上黄瓜丝即可。

操作要领

因为是粳米和玉米粒一起蒸，所以应掌握好用水量。

营养贴士

猪脆骨含有大量的磷酸钙、骨胶原、骨粘蛋白等，可为人体提供充足的钙质。

視覺享受：★★★★ 味覺享受：★★★★ 操作难度：★

打糕

TIME 2小时

菜品特点
糯软粘牙
芳香浓郁

主料： 糯米 4500 克，黄豆、红小豆各适量

配料： 白糖 200 克

操作步骤

①红小豆洗净，放入锅中加清水煮至软烂捞出，控净水分，加入白糖，再放入锅中用小火煸炒推碎成豆沙粉；黄豆用水洗净，入锅用小火炒出香味取出，磨碎筛成细粉。

②糯米放入清水中浸泡 10 小时左右，捞出控净水，放入铺有湿布的蒸笼中，锅预热后放入，盖严锅盖，用旺火蒸 20 分钟左右取出，放入木槽或平面石板上，用木槌捶打成团后，再打成粘糕，然后打糕切成块状，外层裹上一层熟黄豆粉或豆沙粉即成。也可不裹，蘸粉而食。

操作要领

糯米饭用蒸，而不用煮，是为了使饭糯而筋道；此糕宜现做现吃。

营养贴士

糯米为温补强壮食品，具有补中益气、健脾养胃、止虚汗的功效。

主料： 面粉 450 克，猪肥膘肉 50 克

配料： 绵白糖 10 克，精盐 1 克，食碱 4 克，熟猪油 25 克，酵面、白芝麻各适量

操作步骤

①在 425 克面粉中加入 100 克沸水，掺入酵面，再加入 100 克冷水，揉和成团，盖上湿布，静置发酵；面团发至五成后，加入食碱；反复揉匀，搓成条，摘成 50 个剂子。

②猪肥膘肉洗净后煮熟，切成小丁，盛入碗内，加精盐、绵白糖、面粉 25 克拌匀成馅料。

③剂子逐个按扁，用擀面杖擀成约 0.5 厘米厚，6 厘米宽，20 厘米长的皮子，刷上一层熟猪油，然后在面皮的一端铺放 30 克馅料，从有馅的一端卷成筒，用刀从筒中间切断成两个小筒，用手将切口捏拢，朝上竖放在案板上按扁，擀成直径 8 厘米的圆饼，沾上白芝麻，置平锅内烤至两面微硬，再放入烤炉，用火烘烤 10 分钟取出即成。

操作要领

面团要揉匀醒透，揉至光滑为宜；平锅烤时要用微火。

营养贴士

肥膘肉中含有多种脂肪酸，能提供极高的热量，并含有蛋白质、B 族维生素等营养元素。

視覺享受：★★★★ 味覺享受：★★★★ 操作难度：★

双味糖烧饼

TIME 60 分钟

菜品特点
色泽微黄
晶莹香脆

TIME 25 分钟

菜品特点
味道鲜美
营养丰富

豆角肉丝焖面

主料：豆角 150 克，瘦肉丝 100 克，手擀面 250 克

配料：土豆 1 个，葱、姜、蒜、姜粉、花椒粉、八角粉、料酒、酱油、精盐、植物油各适量

视觉享受：★★★★
味觉享受：★★★★
操作难度：★★

操作步骤

①豆角洗净切段；土豆去皮切条；肉切丝；葱切段；姜、蒜切片。

②热锅凉油，放入少量的姜粉、花椒粉、八角粉；油七成热时放入切好的瘦肉丝和葱段、姜片、蒜片，煸炒至变白色后加适量料酒和酱油；倒入切好的土豆和豆角，加入适量精盐，煸炒断生后，加适量水；没过菜 2 厘米，盖锅盖炖 5 分钟。

③把面条弄断，平铺在菜上，加点精盐，转小火焖10 分钟左右即可出锅。

操作要领

焖面时，切记尽量少揭锅盖。

营养贴士

豆角中含有丰富的 B 族维生素、维生素 C 和植物蛋白质，能够使人头脑清晰，有解渴健脾、益气生津的功效。

视觉享受：★★★★★ 味觉享受：★★★★★ 操作难度：★

红枣糯米饭

TIME 60 分钟

菜品特点
色泽明亮
口感软糯

- **主料**：糯米 200 克
- **配料**：葡萄干、莲子、枸杞、山楂糕、红枣、白砂糖、水淀粉各适量

操作步骤

①糯米用清水浸泡 4 小时以上，沥干水分。蒸笼布浸湿挤去水分，将糯米均匀铺在上面，隔水大火蒸20 分钟左右。

②取出蒸熟的糯米饭，加入白砂糖拌匀；取一大碗，将切成长条状的山楂糕、红枣、莲子、葡萄干、枸杞在碗底排列好，将糯米饭铺在碗内，压平。

③上蒸锅，大火蒸 30 分钟，取出饭碗，趁热倒扣在盘中，炒锅放火上，勾水淀粉，淋在糯米饭上即可。

操作要领

糯米蒸之前，先浸泡几小时，可以缩短蒸煮时间，而且保证口感。

营养贴士

糯米含有蛋白质、脂肪、糖类、钙、维生素 B_1、维生素 B_2 及淀粉等，为温补强壮食品，具有补中益气、健脾养胃、止虚汗等功效。

- **主料**：大虾 100 克，玉米 50 克，乌冬面400 克
- **配料**：植物油 70 克，酱油 30 克，鸡粉13 克，生粉 10 克，料酒 5 克，鱿鱼丝少许，色拉酱适量

操作步骤

①大虾洗净放入碗中，加 10 克植物油、3 克鸡粉、10 克酱油、5 克料酒和 10 克生粉，拌匀腌渍 15 分钟；锅内注入 60 克植物油烧热，倒入大虾炒 1～2 分钟，捞起大虾，锅内汤水待用。

②锅内倒入清鸡汤，加 20 克酱油、10 克鸡粉搅匀，煮沸后放入乌冬面和玉米，盖上锅盖煮 2 分钟熄火。

③将煮好的乌冬面盛入碗里，上面摆上大虾，浇上色拉酱，撒上鱿鱼丝即可。

操作要领

玉米最好选甜玉米，这样口感会更加鲜甜。

营养贴士

乌冬面本身几乎不含脂肪，其反式脂肪酸为零并且含有很多高质量的碳水化合物。

视觉享受：★★★★ 味觉享受：★★★★ 操作难度：★

乌冬面

TIME 20 分钟

菜品特点
清淡适口
面条滑软

日式黑豆沙拉

菜品特点
五谷杂粮
美味健康

○ **主料**：苹果1个，芒果200克，黑豆罐头1个（540克）

○ **配料**：胡萝卜、橄榄油、苹果醋、精盐、黑胡椒各适量，香菜叶少许

视觉享受：★★★★
味觉享受：★★★★
操作难度：★★

操作步骤

①黑豆罐头打开，用水冲洗一下，滤去水分；苹果、胡萝卜、芒果均切小丁。

②香菜叶切碎，和所有调味料混合调汁；把其他材料放进汁里，拌匀装盘即可。

操作要领

所用苹果、芒果，一定要选择新鲜的。

营养贴士

黑豆味甘，性平，无毒，有解表清热、养血平肝、补肾壮阴、补虚黑发之功效。

视觉享受：★★★★ 味觉享受：★★★★ 操作难度：★

意式煮螺丝粉

TIME 10 分钟

菜品特点
色泽美观
粉香利嫩

主料： 猪肉 150 克，意式螺丝粉 500 克

配料： 油、精盐、生粉、鸡精各适量，香菜、洋葱丝少许

操作步骤

①螺丝粉放入开水锅中煮熟，捞起沥干水分装入碗里；猪肉切小块，用生粉、精盐和鸡精拌均匀。
②热锅热油，放入猪肉块炒熟，加少许水，用精盐、鸡精调味，放入洋葱丝拌炒均匀；最后淋到煮好的螺丝粉上，加上香菜即可。

操作要领

煮螺丝粉的时候，烧开 8 分钟之后熄火，让螺丝粉在锅里焖十分钟，这样节省煤气。

营养贴士

猪肉具有补肾填精、健脑壮骨、补脾和胃的作用。

主料： 乌冬面 200 克

配料： 金针菇 30 克，大虾 2 尾，黄豆芽 50 克，海带丝少许，高汤、日本大酱、日本酱油、墨鱼素、清酒、味醂各适量

操作步骤

①锅中放入高汤、日本大酱、日本酱油、墨鱼素、清酒和味醂，小火煮约 5 分钟开后，放入乌冬面，3 分钟后盛入碗中。
②将大虾、金针菇、黄豆芽、海带丝焯熟摆入面中即成。

操作要领

煮制酱汤时注意用小火，否则容易煳底。

营养贴士

乌冬面主要营养成分有蛋白质、脂肪、碳水化合物等，有改善贫血、增强免疫力、平衡营养吸收等功效。

视觉享受：★★★★ 味觉享受：★★★★ 操作难度：★

日式煮乌冬面

TIME 20 分钟

菜品特点
酱香浓郁
汤汁清鲜

 美式**煎饼**

TIME 20分钟

菜品特点
颜体金黄
松软可口

> 🔸**主料**：面粉 125 克，牛奶 235 克
>
> 👆**配料**：鸡蛋 1 只，烘焙粉 30 克，精盐 2 克，植物油 30 克

视觉享受：★★★★
味觉享受：★★★★
操作难度：★

🔄 操作步骤 ◀

①取一容器，将鸡蛋磕入碗内，打至起泡，加入牛奶和植物油，然后加入面粉、烘焙粉和精盐，搅拌均匀。

②将适量面糊倒到加过油的热浅锅里，煎至两面金黄即可。

🔸 操作要领 ◀◀◀

打蛋的时候要注意打出气泡。

🔸 营养贴士

牛奶含有钙、磷、铁、锌、铜、锰、钼等丰富的矿物质。

视觉享受：★★★★ 味觉享受：★★★★ 操作难度：★

铜井巷素面

TIME 10分钟

菜品特点
清素柔韧
佐料鲜香

- 🔶 **主料：** 圆形细面条 500 克
- 🔶 **配料：** 豆角 100 克，红酱油、醋、芝麻酱、蒜泥、葱花、德阳酱油、花椒粉、红油辣椒、味精、香油各适量

🔄 操作步骤
①将面条和豆角放入面锅煮熟后捞起滗干水分，放入碗内。
②将红油辣椒、芝麻酱、香油、花椒粉、葱花、红酱油、德阳酱油、味精、蒜泥、醋等兑成料汁，再浇在面上即可。

🔵 操作要领 ◀◀◀
面条煮制时间不宜过长，以免煮烂汤浑，捞面时要甩干水分。

☞ 营养贴士
豆角能健脾胃、增进食欲，可消暑、清口，有调和脏腑、安养精神、益气和利水消肿的功效。

- 🔶 **主料：** 糯米 350 克，大米 150 克，绿豆、蜜玫瑰各 250 克
- 🔶 **配料：** 芝麻、核桃仁、瓜条各 50 克，糖粉 100 克，熟猪油 150 克，蜜樱桃 25 克

🔄 操作步骤
①将两种米混合洗净，浸泡 24 小时，洗净，磨细制成吊浆；绿豆去杂质洗净，用沸水煮至皱皮，捞入小笆箕内，用木勺压搓去掉皮，倒入清水中，使皮浮于水上，去掉绿豆皮，入笼蒸熟。
②芝麻、核桃仁炒熟，压成细粉；瓜条、蜜樱桃用刀切成绿豆大的粒，与蜜玫瑰一起用刀切碎，再加熟猪油、糖粉揉匀成馅料。
③吊浆粉子加适量水揉匀，分成 50 块，分别包入馅料，制成 50 个团子；锅内加水烧沸，放上蒸笼，分别将团子生坯放入笼内，蒸约 15 分钟至熟，裹上蒸熟的绿豆粒即成。

🔵 操作要领 ◀◀◀
炒芝麻、核桃仁要用微火，不宜用旺火，以免焦煳；入笼蒸时要用旺火速蒸。

☞ 营养贴士
糯米是一种温和的滋补品，有补虚、补血、健脾暖胃、止汗等功效。

视觉享受：★★★★ 味觉享受：★★★★ 操作难度：★

绿豆团

TIME 30分钟

菜品特点
色泽乳黄
软润香甜

南百红豆

TIME 30分钟

菜品特点
色泽鲜艳
口感爽脆

主料： 南瓜 250 克，百合 100 克，红腰豆 150 克

配料： 精盐、味精、糖、胡椒粉、花生油、香油、湿淀粉、料酒、葱段、姜片各适量

视觉享受：★★★★
味觉享受：★★★★
操作难度：★★

操作步骤

①南瓜去皮取肉切丁；百合洗净切片；锅中加花生油，烧至六成热时，放入南瓜丁、百合片过油倒出；腰豆汆水煮熟后捞出。

②热油锅入葱段、姜片爆炒，加料酒烹锅，倒入南瓜丁、百合片、红腰豆，加调料调味，炒匀，用湿淀粉勾芡，淋入香油即可。

操作要领

南瓜尽量挑选那种个头较均匀、甜份比较多的小南瓜。

营养贴士

百合具有养心安神、润肺止咳的功效，对病后虚弱的人非常有益。

视觉享受：★★★★ 味觉享受：★★★★ 操作难度：★

泡菜海鲜煎饼

TIME 30 分钟

菜品特点
泡菜鲜香 酸辣爽口

主料： 白菜泡菜 150 克，面粉 100 克，猪肉馅、虾仁各 50 克

配料： 精盐 2 克，油 15 克，洋葱 20 克

操作步骤

①白菜泡菜、洋葱、虾仁分别切成小碎丁；取一个大容器，放入面粉、精盐和 150 克凉开水，搅拌均匀成较稠的糊状，之后将所有切好的用料碎丁及猪肉馅放入大容器内，与面糊一起搅匀成煎饼料。

②将拌好的煎饼料分成分量相同的几份，然后团成小圆饼状；平底锅中的油中火烧至七成热，放入团好的小圆饼，煎 3 分钟，成型后翻至另一面，继续煎 3 分钟即可。

操作要领

因为泡菜本身有味道，所以不必加入太多的精盐。也可以将面粉糊调得稀一些，摊成一张大饼，摊好后切成小块食用。

营养贴士

洋葱营养丰富，且气味辛辣，能刺激胃、肠及消化腺分泌，增进食欲，促进消化。

主料： 山药 300 克，山楂糕 250 克，红豆沙 200 克

配料： 青梅、葡萄干、瓜子仁各 10 克，白糖 250 克，桂花酱 5 克，白蜂蜜 25 克，淀粉（玉米）30 克

操作步骤

①将山药洗净、蒸熟，剥去外皮，将肉碾成细泥，加入适量白糖拌匀；山楂糕碾成细泥；红豆沙加入桂花酱、白蜂蜜拌匀；青梅、葡萄干用温水泡洗，和瓜子仁一起切碎备用。

②将山药泥、山楂糕泥和红豆沙馅逐样铲入三个杯盏内，使其成为三色一体的馒头状，撒上青梅、葡萄干、瓜子仁等作点缀，上蒸锅稍蒸。

③铜勺上火，放入清水、白糖熬开，去净浮沫；用水淀粉勾成蜜汁，浇在三泥上即成。

操作要领

还可以根据口味添加红豆沙、绿豆沙等不同口味的甜品。

营养贴士

山药含有皂甙、黏液质、胆碱、淀粉、糖类、蛋白质和氨基酸、维生素 C 等营养成分以及多种微量元素。

视觉享受：★★★★ 味觉享受：★★★★ 操作难度：★

蜜汁三泥

TIME 30 分钟

菜品特点
酸甜绵软 健脾消食

鸡肉水饺

TIME 30 分钟

菜品特点
口感鲜香
回味无穷

● **主料：** 面粉 500 克，鸡胸脯肉 250 克

● **配料：** 黑木耳 25 克，草菇 50 克，香菜 25 克，葱末、姜末、香油、花生油、精盐、黄酱、西瓜汁各适量

视觉享受：★★★★
味觉享受：★★★★
操作难度：★

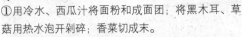 **操作步骤**

①用冷水、西瓜汁将面粉和成面团；将黑木耳、草菇用热水泡开剁碎；香菜切成末。

②将鸡胸脯肉剁成末，加入葱末、姜末、黄酱、精盐、花生油、香油拌匀；在肉馅中加少量水，再加入木耳、草菇、香菜末拌匀。

③将面团搓成长条，做成 60 个剂子，包上馅，待水开后煮熟即可。

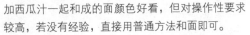 **操作要领**

加西瓜汁一起和成的面颜色好看，但对操作性要求较高，若没有经验，直接用普通方法和面即可。

营养贴士

鸡肉有温中益气、补虚填精、健脾胃、活血脉、强筋骨的功效。

156

视觉享受：★★★★　味觉享受：★★★★　操作难度：★

紫衣<u>薯饼</u>

TIME 15分钟

菜品特点
烧汁适中
营养美味

主料：海苔、土豆各适量
配料：精盐、熟白芝麻、食用油、水淀粉、素蚝油各适量

操作步骤

①土豆煮熟后，去皮捣成土豆泥，加精盐搅拌匀；将整张海苔剪成同等大小的数张；将土豆泥用匙铺在海苔上，再在上面铺一张海苔制成薯饼。
②平底锅热油，放入薯饼，两面煎至金黄色；另起锅放少许油，倒入适量的素蚝油搅匀，然后用水淀粉勾芡至浓稠，淋在煎好的薯饼上，撒上熟白芝麻即可。

操作要领

可以将整张海苔一分二，在一张上铺土豆泥，并用另一张盖在上面，放入平底锅中煎，出锅后，再切成均匀大小的薯饼，并淋上素蚝油汁和熟芝麻。

营养贴士

紫菜中的蛋白质、铁、磷、钙、核黄素、胡萝卜素等元素，含量居各种蔬菜之冠，故紫菜又有"营养宝库"的美称。

主料：糯米 500 克
配料：茶籽油 10 克，绵白糖 15 克

操作步骤

①将糯米淘洗干净，用清水浸泡 4 ～ 8 小时，取出冲净，沥水，入蒸锅用旺火蒸 1 小时取出，倒入盆内，趁热捣成泥状。案板抹上茶籽油，放入糯米泥揉匀，搓成圆条，摘成 10 个剂子，逐个按扁，做成直径约 6.6 厘米、厚约 1.6 厘米的糍粑，摊放在竹筛中晾凉。
②铁丝网置小火上，取糯米糍粑放网上烘烤，烤软、烤香后（要软透）用小刀在糯米糍粑边侧划一道口子，置碟内撒入绵白糖 15 克即成。

操作要领

烤制受热要均匀，不宜用旺火，以免焦煳。

营养贴士

糍粑里糖分高，加上本身热量高，含有碳水化合物和脂肪，能提高人体免疫力。

视觉享受：★★★★　味觉享受：★★★★　操作难度：★

白沙<u>烤糍粑</u>

TIME 2小时

菜品特点
色泽银白
糯糯香甜

紫米糕

TIME 90分钟

菜品特点
紫润似血
软糯醇香

> **主料：** 紫米 600 克，江米 400 克
>
> **配料：** 熟莲子、果料（瓜仁、金糕、青梅）各 150 克，桂花 10 克，白糖 200 克，植物油 100 克

视觉享受：★★★★
味觉享受：★★★★
操作难度：★

 操作步骤

①将紫米、江米淘洗干净，分别浸泡 30 分钟；锅内加清水，先下紫米煮至回软后，再下江米同煮 5 分钟，捞出放入铺有洁布的笼内，上锅蒸约 30 分钟，取出拌以白糖、植物油，再回锅蒸 20 分钟。

②熟莲子、果料用刀剁成碎丁；紫米和江米蒸熟后，取出用湿布揉匀，加上桂花再揉滋润；揉好的米糕倒入抹过油的不锈钢盘中，上面撒上切碎的熟莲子

和果料，用物压实放入冰箱，吃时取出即可。

操作要领

米糕要揉至滋润光亮；莲子要去心。

营养贴士

紫米也称血米，颜色紫红，有补血、益气的功效。

视觉享受：★★★★ 味觉享受：★★★★ 操作难度：★

竹炭*面包*

TIME 90 分钟

菜品特点
醇状可口
绿色健康

➡ **主料：** 高筋面粉 300 克

➡ **配料：** 细砂糖 30 克，奶粉 25 克，酵母 4 克，竹炭粉、精盐、黄油各适量

🔄 操作步骤

①将（除黄油外的）所有材料混合，揉成光滑的面团，再加入黄油揉透；放在容器中，盖上保鲜膜发酵至 2.5 倍大。

②分成 3 个面团，中间发酵 15 分钟，然后整形放入土司模中进行最后发酵。

③预热烤箱，以 180℃烤 30 分钟即可。

🔵 操作要领

烤制的时候要注意时间，不要烤制太久。

👉 营养贴士

竹炭粉能提供负离子，抑制生病原因之一的活性酵素产生。

➡ **主料：** 糯米 500 克

➡ **配料：** 白糖、食用油各适量

🔄 操作步骤

①糯米泡一晚上，沥干蒸熟，不要蒸稀了，不然不容易成形。

②蒸熟的糯米用擀面棍打掭，掭烂后包上白糖，用少许油煎；煎到两面焦黄即可装盘。

🔵 操作要领

掭糯米的时候旁边放盆水，手湿一湿，这样糯米就不会粘手了。

👉 营养贴士

糯米为温补强壮食品，具有补中益气、健脾养胃、止虚汗之功效。

视觉享受：★★★★ 味觉享受：★★★★ 操作难度：★★

糍*粑*

TIME 2 小时

菜品特点
色泽金黄
香甜可口

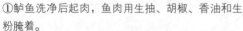 菊花鱼片粥

TIME 45分钟

菜品特点
鲜香嫩滑
绵软味美

- 主料：鲈鱼1条，大米适量
- 配料：枸杞5克，生抽、胡椒、生粉、香油、姜片、菊花、精盐各适量

视觉享受：★★★★
味觉享受：★★★★
操作难度：★

操作步骤

①鲈鱼洗净后起肉，鱼肉用生抽、胡椒、香油和生粉腌着。

②鱼头、鱼骨放姜片先煎一会，再下水煮到汤白，去渣。

③用鱼汤和大米煲粥，粥差不多好时将菊花放入，再放入腌过的鱼肉，小火煲至鱼肉熟透，调入精盐，撒上洗净的枸杞后关火。

操作要领

菊花放入之前要用盐水浸泡10分钟，以杀灭其可能携带的细菌。

营养贴士

鲈鱼性平，味甘，含有丰富的蛋白质，能促进术后病人疮口的愈合。秋末冬初，成熟的鲈鱼特别肥美，无论清蒸还是煲汤，均可起到补气、益肾的功效。

视觉享受：★★★★　味觉享受：★★★★　操作难度：★

南瓜山药粥

· TIME 30 分钟

菜品特点
入口即化
粥香四溢

⊙**主料：** 南瓜 50 克，山药 50 克，粳米 100 克

⊙**配料：** 白糖少许

🔄 操作步骤

①南瓜洗净后去皮去瓤切成块；山药洗净去皮切块备用。

②锅中加适量清水，倒入粳米后用武火煮沸，然后放入南瓜块、山药块，改文火继续煮至食材熟烂，加适量白糖调味即可。

🔔 操作要领　◀◀◀

南瓜皮一定要去掉，因为不好消化。

👉 营养贴士

南瓜所含果胶可以保护胃肠道黏膜、加强胃肠蠕动、帮助食物消化。

⊙**主料：** 猪肚 1 个，大米适量

⊙**配料：** 生姜 1 块，葱花 5 克，料酒、精盐、胡椒粉各适量

🔄 操作步骤

①猪肚洗净，余烫过，用料酒、少许生姜（切片）和适量清水煮 40 分钟，熟软后捞出，切片备用。

②大米洗净放入锅中，加清水，烧开后改小火熬粥。

③粥熬好后加入猪肚片同煮，加盐调味，放入剩余生姜（切末）和胡椒粉后熄火盛出，食用时加葱花即可。

🔔 操作要领　◀◀◀

煮粥前，大米要提前浸泡半小时。

👉 营养贴士

猪肚富含蛋白质，有补虚损、健脾胃等功效；姜具有降逆止呕、化痰止咳、散寒解表等功效。

视觉享受：★★★★★　味觉享受：★★★★★　操作难度：★★

生姜猪肚粥

TIME 60 分钟

菜品特点
色泽易调
味鲜适口

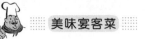

娃娃菜虾仁粥

TIME · 30分钟

菜品特点
口感咸鲜
色彩艳丽

➡ **主料：** 粳米、娃娃菜各 100 克，虾仁 60 克
➡ **配料：** 紫菜 10 克，精盐、猪肉丝各适量

视觉享受：★★★★
味觉享受：★★★★
操作难度：★

🍳 操作步骤

①将紫菜洗净；粳米淘洗干净。

②取锅放入清水、粳米，煮至粥将成时，加入紫菜、娃娃菜（洗净切碎）、虾仁、猪肉丝、精盐，再略煮片刻，出锅即成。

操作要领

紫菜不宜久煮，久煮易变色，因此紫菜可以最后放。

👉 营养贴士

紫菜所含的多糖有明显增强细胞免疫和体液免疫功能。

视觉享受：★★★★★ 味觉享受：★★★★★ 操作难度：★

猪腰香菇粥

TIME 30 分钟

菜品特点
营养丰富
养生保健

● **主料：** 大米 80 克，猪腰 100 克，水发香菇 50 克

● **配料：** 精盐 3 克，鸡精 1 克，葱花少许

操作步骤

①香菇洗净对切；猪腰洗净，去腰臊，切花刀；大米淘净，浸泡半小时后捞出沥干水分。

②锅中注水，放入大米以旺火煮沸，再下入香菇，熬煮至将成时，下入猪腰，待猪腰变熟，调入精盐、鸡精搅匀，撒上葱花即可。

操作要领

猪腰切花刀之后，如果还有味道，可再用清水漂洗一遍。

营养贴士

本粥具有滋补肾虚、强身健体等功效。

● **主料：** 小米 150 克，海参 3 只

● **配料：** 油菜薹、胡萝卜、姜丝、浓缩鸡汁、精盐、白胡椒粉、香油各适量

操作步骤

①小米淘洗干净，用清水泡上；海参洗净泡发；油菜薹和胡萝卜洗净，切成碎丁。

②汤锅中放入足量水，沸腾后放入小米，滚锅后下入海参，再次滚锅后继续煮约 5 分钟，其间不停用勺子搅拌。

③加入姜丝、油菜薹碎和胡萝卜丁，盖上锅盖，转最小火熬煮约 25 分钟，开盖，加入适量浓缩鸡汁，搅拌混合，大火滚煮 2 分钟，最后撒上适量的精盐，加入白胡椒粉调味，滴上几滴香油即可关火，盛碗温食。

操作要领

水要一次加足，转最小火熬煮的时候不要开盖，直至煮出香味，最后几分钟再调味。

营养贴士

此粥有美容、消食、安胎、消炎、促进生长的功效。

视觉享受：★★★★ 味觉享受：★★★★ 操作难度：★

海参小米粥

TIME 60 分钟

菜品特点
口感丰富
色彩淡雅

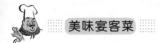

TIME 60分钟

菜品特点
营养丰富
菌香爽口

双菌姜丝粥

主料： 大米 100 克，茶树菇、金针菇各 50 克
配料： 姜丝、精盐、味精、香油、葱花各适量

观赏享受：★★★★
味觉享受：★★★★
操作难度：★

 操作步骤

①茶树菇、金针菇泡发洗净。
②大米淘洗干净后和适量水一起放入锅中，煮至米粒完全绽开，加入花树菇、金针菇、姜丝煮熟。
③加入精盐、味精、香油调味，撒上葱花即成。

操作要领

茶树菇要用清水久泡，这样味道更佳。

营养贴士

茶树菇是一种高蛋白、低脂肪的纯天然食用菌。

视觉享受：★★★ 味觉享受：★★★★ 操作难度：★★★★★

生姜红枣粥

TIME 2小时

菜品特点
暖心暖胃
赶跑感冒

🔻 **主料:** 粳米或糯米 150 克
🔶 **配料:** 大枣 4 个，生姜 10 克，葱花适量

🔄 操作步骤

①把米淘洗 3 遍，浸泡 30 分钟；生姜去皮，切成丝；大枣去核，对半切开。
②将米放入锅中，简单干炒一下，再放入准备好的水。
③用勺子将米搅拌均匀后，放入大枣和生姜丝，文火慢煮，煮熟后撒入葱花。

🌙 操作要领 ◀◀◀

不喜食姜的可以将生姜切成片，粥煮熟后拣出。

👉 营养贴士

此粥有温胃散寒、温肺化痰的作用。

🔻 **主料:** 糯米、木瓜、百合各适量
🔶 **配料:** 冰糖适量

🔄 操作步骤 ◀◀

①糯米先泡发 2 小时；木瓜去皮切块；百合洗净。
②锅中放入适量的水，加入糯米、百合，小火慢慢地煲，锅开以后加入木瓜，临出锅加冰糖调味。

🌙 操作要领 ◀◀◀

此粥一定要用小火煲。

👉 营养贴士

此粥含多种维生素，可滋润养颜，适合女性在春季食用。

视觉享受：★★★★ 味觉享受：★★★★ 操作难度：★

木瓜百合粥

TIME 30分钟

菜品特点
滋阴润肺
软糯清甜

枸杞木瓜粥

TIME 60分钟

菜品特点
制作简单
清香爽口

● 主料：大米 100 克，木瓜 120 克
● 配料：冰糖 20 克，枸杞 10 克，葱花适量

视觉享受： ★★★★
味觉享受： ★★★★
操作难度： ★

🥢 操作步骤

①木瓜洗净，切成块；大米洗净浸泡 30 分钟。
②锅置火上，加适量水，放入大米，旺火煮沸。
③加入木瓜、枸杞和冰糖，小火煮至黏稠，撒上葱花即可。

📖 操作要领

加一点儿冰糖，味道更好。

🥄 营养贴士

木瓜性平、微寒，味甘，有助消化、消暑解渴、润肺止咳的功效。

166